装配式建筑建造系列教材

装配式钢结构施工技术

主　编　邵浙渝　刘天姿

副主编　王　维　周　杰

参　编　王　捷

主　审　范幸义

U0206275

西南交大出版社

·成都·

图书在版编目（ＣＩＰ）数据

装配式钢结构施工技术 / 邵浙渝，刘天姿主编. ——
成都：西南交通大学出版社，2019.8（2022.3 重印）
装配式建筑建造系列教材
ISBN 978-7-5643-7098-5

Ⅰ. ①装… Ⅱ. ①邵… ②刘… Ⅲ. ①装配式构件 –
钢结构 – 建筑施工 – 高等学校 – 教材 Ⅳ. ①TU758.11

中国版本图书馆 CIP 数据核字（2019）第 184505 号

装配式建筑建造系列教材

Zhuangpeishi Gangjiegou Shigong Jishu

装配式钢结构施工技术

主　编 / 邵浙渝　刘天姿　　　责任编辑 / 姜锡伟
　　　　　　　　　　　　　　　封面设计 / 吴　兵

西南交通大学出版社出版发行

（四川省成都市金牛区二环路北一段 111 号西南交通大学创新大厦 21 楼　610031）
发行部电话：028-87600564　028-87600533
网址：http://www.xnjdcbs.com
印刷：四川森林印务有限责任公司

成品尺寸　185 mm × 260 mm
印张　8.5　　字数　211 千
版次　2019 年 8 月第 1 版　　印次　2022 年 3 月第 2 次

书号　ISBN 978-7-5643-7098-5
定价　26.00 元

前　言

  装配式钢结构是目前土木工程领域研究和应用的热点话题之一。钢结构根据它具有自重轻、基础成本低、适用于各种不良环境、安装容易、施工快、周期短、施工污染小以及抗震性能好等优点，被誉为 21 世纪的"绿色建筑"之一。

  随着城镇化进程的加速，中国已经逐步成为世界上最大的建筑市场，每年新建建筑竣工面积超过发达国家的总和。传统施工方式能源消耗大，建筑效率不高，因此，装配式建筑的工业化、机械化、科学化是现在社会的建造方式。

  本书以装配式钢结构施工过程为导向，以实际的工程项目为切入点进行编写。本书在介绍装配式钢结构的发展、特点及分类的基础上，根据装配式钢结构的材料特性，重点讲述了重型钢结构和轻型钢结构施工基本要求、基本方法，较详细地介绍了装配式钢结构的防护维护的基础知识，并结合工程实例给出了相应的应用实例。单列一章给出了完整的重型钢结构实例及轻型钢结构工程实例。

  本教材共分 5 章，其中第 1 章由重庆房地产职业学院王维编写，第 2 章和第 4 章由重庆房地产职业学院邵浙渝编写，第 3 章由重庆房地产职业学院刘天姿编写，第 5 章由青岛泰坦集成房屋有限公司周杰编写。

  限于编者水平，书中难免存在疏漏和不足之处，敬请读者批评指正。

编　者

2019 年 5 月

目 录

1 绪 论 1

　1.1 装配式钢结构概述 1

　　1.1.1 传统钢结构发展概述 1

　　1.1.2 装配式钢结构发展背景 2

　　1.1.3 装配式钢结构特点 3

　　1.1.4 装配式钢结构应用 3

　1.2 装配式钢结构施工技术概述 5

　　1.2.1 装配式钢结构施工技术发展历程 5

　　1.2.2 装配式钢结构施工技术发展现状 6

2 装配式钢结构材料 8

　2.1 主体结构材料 8

　　2.1.1 钢 材 8

　　2.1.2 楼盖材料 13

　　2.1.3 连接材料 14

　2.2 围护系统材料 18

　　2.2.1 外墙材料 18

　　2.2.2 屋盖材料 19

　2.3 涂装材料 21

　　2.3.1 防腐材料 21

　　2.3.2 防火材料 21

　2.4 实训项目——认知钢材种类、规格 22

3 多高层钢结构施工 24

　3.1 钢结构生产准备 26

　　3.1.1 钢结构加工前的生产准备 26

　　3.1.2 钢部件及钢零件加工操作 28

　3.2 部品部件生产与运输 34

　　3.2.1 一般规定 34

　　3.2.2 部品部件生产 35

　　3.2.3 包装、运输与堆放 38

　3.3 施工与安装 41

　　3.3.1 一般规定 41

　　3.3.2 结构系统施工安装 43

　　3.3.3 外围护部品安装 46

　　3.3.4 设备与管线安装 48

　　3.3.5 内部部品安装 51

3.4　涂　装···54
　　3.4.1　防腐涂装···54
　　3.4.2　防火涂装···58
3.5　质量验收与竣工验收···60
　　3.5.1　结构系统验收···60
　　3.5.2　外围护系统验收···63
　　3.5.3　设备与管线系统验收··66
　　3.5.4　内装系统验收···68
　　3.5.5　竣工验收···68

4　轻钢结构施工···70
4.1　一般规定···70
　　4.1.1　施工准备···73
　　4.1.2　工程划分···75
4.2　部品构件生产与运输···76
　　4.2.1　结构构件生产···76
　　4.2.2　围护部品生产···79
　　4.2.3　内装部品生产···80
　　4.2.4　构件成品检验、管理和包装···81
　　4.2.5　构件运输和堆放···81
4.3　轻钢厂房结构施工和安装··82
　　4.3.1　主体结构施工···82
　　4.3.2　围护部品安装···88
　　4.3.3　设备与管线安装···90
　　4.3.4　内装部品安装···97
4.4　涂装···99
　　4.4.1　防腐涂装···99
　　4.4.2　防火涂装··100
4.5　竣工验收···102

5　工程实例···103
5.1　多高层钢结构构件制作工艺实例···103
　　5.1.1　工程概况··103
　　5.1.2　工艺流程··103
5.2　冷弯薄壁型钢结构工程实例··105
　　5.2.1　工程概况··106
　　5.2.2　设计要点··110
　　5.2.3　施工要点··116
5.3　钢框架结构工程实例··119

参考文献··129

1 绪 论

1.1 装配式钢结构概述

1.1.1 传统钢结构发展概述

钢结构是由生铁结构逐步发展起来的。中国是较早发明炼铁技术的国家之一，也是最早用铁制造承重结构的国家。早在战国时期，我国的炼铁技术就已经很盛行了。汉明帝时期，我国已成功地以锻铁为环，相扣成链，建成了世界上最早的铁链悬桥——兰津桥。1705 年我国建造的四川泸定大渡河桥，比美洲 1801 年才建造的跨长 23 m 的铁索桥早近百年。除此之外，我国还有很多建成的铁塔，目前依然存在。所有这些都表明，我们中华民族对铁结构的应用，曾经居于世界领先地位。英国直到 1840 年还只是采用铸铁来建造拱桥。随着铆钉连接和锻铁技术的发展，铸铁结构逐渐被锻铁结构取代。1855 年英国人发明贝氏转炉炼钢法、1865 年法国人发明平炉炼钢法以及 1870 年成功轧制出工字钢之后，欧美各国形成了工业化大批量生产钢材的能力，强度高且韧性好的钢材才开始在建筑领域逐渐取代锻铁材料，自 1890 年以后成为金属结构的主要材料。20 世纪初焊接技术以及 1934 年高强度螺栓连接方式的出现，极大地促进了钢结构的发展，使其逐渐发展成为全世界所接受的重要结构体系。中国古代在金属结构方面虽有卓越的成就，但在近现代，铁结构的技术优势早已丧失殆尽。1907 年才建成了汉阳钢铁厂，年产钢量只有 8 500 t。1943 年是至当时为止我国历史上钢铁产量最高的一年，生产生铁 180 万吨、钢 90 万吨，但这些钢铁很少用于建设，大部分被日本用于侵华战争。即使这样，我国工程师和工人仍有不少优秀设计和创造，如 1927 年建成的沈阳皇姑屯机车厂钢结构厂房、1931 年建成的广州中心纪念堂圆屋顶、1937 年建成的杭州钱塘江大桥等。

中华人民共和国成立后，随着经济建设的发展，钢结构曾起过重要作用，但由于受到钢产量的制约，很长一段时期内，钢结构被限制使用在其他结构不能代替的重大工程项目中。这在很大程度上影响了我国钢结构的发展。

20 世纪 50 年代后，我国钢结构的设计、制造、安装水平有了很大提高，建成了大量钢结构工程，有些在规模上和技术上已达到世界先进水平，如首都体育馆、上海体育馆、深圳体育馆，大跨度三角拱形的西安秦始皇陵兵马俑陈列馆，悬索结构的北京工人体育馆、浙江体育馆，高耸结构中的 200 m 高的广州广播电视塔、210 m 高的上海广播电视塔，等。

自 1996 年开始，中国逐步改善了钢材供不应求的局面。钢结构技术政策，也从"限制使用"改为积极合理地推广应用，接着发展到鼓励使用钢结构，整个产业前景也非常乐观。随着钢结构设计理论、制造、安装等方面技术的迅猛发展，各地建成了大量的轻钢结构、大跨度钢结构、高层钢结构、高耸结构、市政设施等。以"鸟巢"（图 1-1）、"水立方"为代表的大中城市体育项目，以"国家大剧院"为代表的文化设施，以北京首都机场 T3 航站楼为代表的航站楼工程，以上海金茂大厦、上海中心大厦（图 1-2）为代表的高层钢结构，以上海"东方明珠"电视塔、广州电视塔为代表的高耸钢结构，等等，展示出了我国钢结构发展的水平。

图 1-1　鸟巢　　　　　　　　　　　　　　　图 1-2　上海中心大厦

我国钢结构主要集中于工业厂房、大跨度或超高层建筑，钢结构在全部建筑中的应用比例还很低，不到 5%，绝大多数建筑用钢是用于钢筋混凝土结构中的，钢结构用钢还不到建筑用钢的 2%。因此，我国钢结构还是一个很年轻的行业，总体水平与发达国家相比，仍有较大的差距。这个差距是钢结构发展的潜力，也是钢结构发展的空间。

就建筑结构来讲，土木工程的结构类型从最初的砖石结构、木结构，发展到钢筋混凝土结构，再到钢结构，是科学技术发展的必然，21 世纪必将是钢结构的世纪。

1.1.2　装配式钢结构发展背景

传统建筑以现场手工建造为主，建设工期长，质量难以控制，现场产生的建筑垃圾较多，对环境影响也较大，造成了资源浪费。国家未来规划中，在大力发展城镇化建设和新农村建设的过程中，鉴于建造房屋需要高效率和高品质保证，以及资源节约与环境保护的需要，传统建筑已经不能满足社会经济发展要求。与传统建筑不同，装配式建筑是指用预制的构件在工地现场装配的建筑。根据《工业化建筑评价标准》（GB/T 51129—2015），工业化建筑划分为 A 级、2A 级和 3A 级。根据结构主体的受力构件所使用的材料不同，装配式结构分为装配式钢结构、装配式混凝土结构（PC）和装配式木结构。

1999 年，国务院发布《关于推进住宅产业现代化提高住宅质量的若干意见》，全国开始兴起推进住宅产业化的工作。到 2013 年，尤其是进入 2016 年以后，装配式建筑在全国各地出现了快速发展的局面。2016 年 1 月 1 日，由住房和城乡建设部住宅产业化促进中心、中国建筑科学研究院会同有关单位历时两年多编制的国家标准《工业化建筑评价标准》（GB/T 51129—2015）正式实施，对"工业化建筑""预制率""装配率"等专业名词进行了明确定义。

2016 年 2 月，《中共中央国务院关于进一步加强城市规划建设管理工作的若干意见》印发，提出大力推广装配式建筑，力争用 10 年左右的时间，使装配式建筑占新建建筑的比例达到 30%。积极稳妥推广钢结构建筑。

2016 年 3 月 5 日，"装配式建筑"首次出现在《政府工作报告》中，李克强总理指出：积极推广绿色建筑和建材，大力发展钢结构和装配式建筑，加快标准化建设，提高建筑技术水平和工程质量。李克强 9 月 14 日主持召开国务院常务会议，第二次提出大力发展装配式建筑，推动产业结构调整升级。

2016 年 9 月 27 日，国务院印发《关于大力发展装配式建筑的指导意见》，规定八项任务：健全标准规范体系；创新装配式建筑设计；优化部品部件生产；提升装配施工水平；推进建筑全装修；推广绿色建材；推行工程总承包；确保工程质量安全。

基于国家政策的方向，若干城市陆续也推出了各地方政策，积极推动装配式建筑的发展：

（1）上海市规定，从 2016 年起外环线以内符合条件的新建民用建筑全部采用装配式建筑，外环线以外采用装配式建筑的比例超过 50%，2016 年单体预制率不低于 40%。

（2）河北省规定，对主动采用建筑产业化方式建设且预制装配率达到 30% 的商品房项目，在办理规划审批的时候，其外墙预制部分可不计入建筑面积，但不超过该栋地上建筑面积的3%。2016 年预制装配率达到 30%，2017 年政府投资项目在 50% 以上的采用产业化方式建设。

（3）四川省出台《关于推进建筑产业现代化发展的指导意见》，文件中明确了大跨度、大空间和单体面积超过 2 万平方米的公共建筑，应全面采用钢结构。

（4）甘肃省建设厅印发了《关于推进建筑钢结构发展与应用的指导意见》，文件指出在有条件的地区开展钢结构住宅试点，鼓励房地产开发企业开发建设钢结构住宅，在农村危房改造中应用钢结构抗震农宅。

1.1.3　装配式钢结构特点

相比于装配式钢筋混凝土结构，装配式钢结构具有以下明显的优点：

（1）没有现场现浇节点，安装速度更快，施工质量更容易得到保证。

（2）钢结构是延性材料，具有更好的抗震性能。

（3）相对于混凝土结构，钢结构自重更轻，基础造价更低。

（4）钢结构是可回收材料，更加绿色环保。

（5）精心设计的钢结构装配式建筑，比装配式混凝土建筑具有更好的经济性。

（6）梁柱截面更小，可获得更多的使用面积。

但另一方面，装配式钢结构也有其缺点：

（1）相对于装配式混凝土结构，装配式钢结构外墙体系与传统建筑存在差别，较为复杂。

（2）如果处理不当或者没有经验，防火和防腐问题需要引起重视。

（3）如设计不当，钢结构比传统混凝土结构更贵，但相对装配式混凝土建筑而言，仍然具有一定的经济性。

1.1.4　装配式钢结构应用

随着国民经济的逐步发展和科学技术的进步，钢结构的应用范围在不断扩大。其大致的应用范围有：

（1）大跨度空间钢结构建筑：钢材强度高、结构重量轻的优势正适合于大跨结构，故在跨度较大且空间连续的建筑体系中有广泛的应用。常用的结构形式有空间桁架、网架、网壳、悬索以及框架等。主要用于体育场馆、会展中心、航站楼、机库。国内的代表建筑主要有首都机场三号航站楼（图 1-3）、国家游泳馆等。

（2）轻型钢结构建筑：以薄壁型钢作为檩条和墙梁，以焊接或热轧型钢作为梁柱，现场采用螺栓或焊接方式拼接的主要结构。主要用于轻型的工业厂房（图 1-4）、仓库、超市、活动房屋等，其他设有较大锻锤以及受动力作用的设备厂房也多采用钢结构。

图 1-3　航站楼　　　　　　　　　　　　　　图 1-4　工业厂房

（3）重型钢结构建筑；一般指 10 层或 24 m 以上的多高层钢结构建筑（图 1-5），多采用全钢结构或钢框架-混凝土的建筑结构形式，在多层框架、框架-支承结构、框筒和巨型框架中得到越来越多的应用。代表建筑有美国纽约帝国大厦、我国北京国贸三期以及上海环球金融中心（图 1-2）等。

图 1-5　高层钢结构住宅

（4）高耸结构：塔架和桅杆结构等常采用钢结构，如火箭发射塔架和广播电视塔等（图 1-6）。

（5）组合结构：由于钢结构具有重量轻的优点，所以常被用于实腹变截面门式钢架、冷弯薄壁型钢结构以及钢管结构等。

（a）火箭发射塔架　　　　　　　　（b）广播电视塔

图 1-6　高耸结构

1.2　装配式钢结构施工技术概述

1.2.1　装配式钢结构施工技术发展历程

我国对装配式建筑施工技术的研究最早是在 20 世纪五六十年代，主要针对设计和施工方面，并经过了一个探索实践阶段，形成了单层工业厂房、多层框架、大板建筑等一系列较为典型的装配式建筑体系。

我国装配式建筑施工技术全面应用阶段出现在 20 世纪 80 年代至 90 年代初期，这段时期，"设计→制作→施工安装"的一体化的装配式建筑模式已经基本形成，并在国内得到广泛应用。在当时，砌体建筑（主要是预制空心楼板的装配）与混凝土装配建筑一起成为普及率达 70% 的建筑体系。但自 20 世纪 90 年代中后期开始，现浇施工技术成为建筑施工的主流施工工艺，装配式施工技术只有在单层工业厂房项目中还有一定的应用，预制结构的应用发展进入停滞阶段。出现这种现象的主要原因是我们对预制结构的设计和施工管理一体化研究不够，导致结构整体的抗震性不能满足要求，造成其技术经济性较差。进入 21 世纪后，我国房地产业进入飞速发展阶段，加之在建筑产业工业化背景下，政府大力推动，出台了一系列的装配式建筑发展的推动和扶持政策。

2000 年，我国钢产量进入高速增长的阶段，房地产业进入迅猛发展期。建设部开展示范莱钢、马钢推广 H 型钢，各地开始试点，掀起了钢结构发展的高潮。我国钢材和钢结构产量高居世界第一，但发展不平衡；工业建筑和大跨度钢结构发展迅猛，但量大面广的钢结构住宅占比不足 1%；我国是钢结构应用大国，但钢结构建筑产业化水平低，缺乏成熟的专用体系，更没有通用体系，与发达国家差距巨大。钢结构的关键共性技术我国一直在研究并取得了一些进展，但缺乏因地制宜的产业化解决方案。

在 2006—2011 年这 6 年的时间内，我国的建筑业总产值一直以高于 20% 的速度增长，但从 2012 年起，增长速度下降到 20%以下。2014 年的增速仅是 2011 年的一半左右，为 10.9%，我国建筑行业经受着行业发展的低迷期。据不完全统计，目前，我国的建筑工程施工中产生的建筑废渣至少为 5 t/m^2，建筑相关产业的能耗占社会总能耗的 51%，温室气体的排放总量中工程建设施工占到了 15.8%，PM2.5 来源中有 15.8%来自建筑工地扬尘。另外，目前的中国建筑市场中工地劳工还有 30%的空缺，加之整个行业处处存在的质量通病、施工过程中现场垃圾扬尘肆虐、生产劳动力缺乏等生产现状，以及传统建筑作业施工现场脏乱差，人工劳动力、模板和脚手架的大量使用等弊端，建筑产业转型升级迫在眉睫。

2013 年，国家修订的《绿色建筑评价标准》（GB/T 50378—2014）也将钢结构建筑划为绿色建筑系列。在"绿色建筑""绿色建材"和"建筑工业化"等号召驱动下，钢结构住宅是最好的实现形式和结构体系。工业化生产和人口城镇化是走向现代化发展的基础，而装配式钢结构住宅力争实现工业化生产是发展绿色建筑、促进建造方式转型、解决部分产能过剩的战略举措，更是建筑业改革发展的一条新的绿色途径。科学技术部关于"国家重点研发计划重点专项 2017 年度项目"中，将"绿色建筑及建筑工业化"列为国家层面的重点研发计划，这就再一次明确了建筑业未来的发展方向——建筑工业化。建筑工业化是指像"造汽车"一样，把房屋的建造采用工业化生产方式来实现，即将房屋的建造从开发设计到生产施工再到工程管理的过程形成全套的一体化产业链。

1.2.2　装配式钢结构施工技术发展现状

虽然我国装配式建筑施工技术的发展正位于发展初期，装配比例和建筑规模离与我们的预期都还有一定的距离，且还存在市场培育不充分、技术体系不够成熟、质量管控需要进一步加强、行业队伍也有待提高等不足，但国家政策和地方具体落实政策的陆续出台，已经为装配式建筑施工技术未来在我国的发展营造了很好的政策环境。据不完全统计，当下全国已经有多达 17 个省 50 余市相继出台了推动装配式建筑施工技术发展的指导性文件，2016 年在全国范围内新开工的项目中，采用装配式施工技术的建筑面积已经超过了 3 500 万平方米。2017 年 6 月 1 日，与装配式建筑相配套的木结构、钢结构、混凝土结构的施工标准已经在住房和城乡建设部出台的《"十三五"装配式建筑行动方案》中被批准正式实施，而关于装配式建筑施工技术的评价标准的意见征求也已经完成，并形成了意见稿。此外，在"十三五"重大专项课题研究中，科技部也广泛组织人员进行了建筑工业化课题研究。总之，2016 年以来，我国已经在全国范围内掀起了发展装配式建筑的浪潮，未来我国势必在装配式建筑设计方法、预制构件的生产自动和智能化、现场装配技术等方面有很大突破和发展，以全面推动装配式建筑产业化，装配式建筑施工技术也将迎来新的全面发展阶段。

随着经济的不断发展以及人民生活水平的不断提高，私家车的数量也在不断提高，而伴随着这样的发展趋势，"车多位少"的现象日益严重，人们很难找到一个合适的位置去停放车辆。为了更好地解决这个问题，地下停车场被广泛地开发和应用，但是由于地下停车场对于建筑质量的稳定性要求极高，传统的结构建筑很难满足这样的要求，而多高层结构建筑由于可以很好地发挥其优势和性能，在为人们提供更多车位的同时满足了建筑要求，因而被广泛应用。目前，我国住宅建筑多采用钢筋混凝土结构，但传统的建筑结构中使用的钢筋混凝土的建筑模式不仅会受到温度、湿度等各种外界因素的干扰，而且它的稳定性能也非常的差，在很大程度上导致了资源的浪费。钢结构由于耐腐蚀性能差，导致其地区适应性较差、产业化程度低，从而没有被市场接受。与混凝土剪力墙住宅相比，经过 20 年的徘徊发展，传统钢结构住宅体系并未取得突破性的进展。造成目前钢结构住宅建筑困境的主要瓶颈问题，是缺乏与产业化生产方式相适应的钢结构建筑体系，缺乏匹配围护体系、防火防腐技术和高效装配化连接等共性关键技术的产业化解决方案，缺乏一体化可复制推广的产业化工程示范。

近年来，钢结构的施工技术得到了较快发展，在某些高层建筑及跨度很大的空间结构中被经常投入使用，尤其是多层变截面网壳和网架、球节点平板网架（图 1-7）等钢结构的应用，都体现出了这一施工技术的先进性。通过对多高层钢结构住宅的建筑技术与工程应用进行分析可得，多高层钢结构施工技术不仅具有良好的稳定性能，还提升了建筑的清洁度，对房屋建筑有明显的保护作用，达到了保护环境的效果，更提高了施工单位的施工质量和施工进度，从而提高了施工单位的经济效益以及社会效益。因而施工单位应该在此方面引起足够的重视，更好地掌握多高层钢结构的施工技术，不断地发展，为更好地推动我国住宅产业化贡献自己的力量。

（a）网壳

（b）网架

图 1-7　空间结构

目前，杭萧、宝钢、中冶和中建等已开始尝试开展新体系试点。伴随着现代化信息技术的大幅进步，建筑施工企业的施工信息化管理已然成了当前的必然趋势，而这恰恰也是增强建筑施工单位经济效益和综合实力的最有效方式。施工的组织和管理工作，像电脑技术、多媒体技术等作为依托和辅助的管理技术在工程预算、招标投标、规划制订、成本控制、质量监控等多个方面均起着重要的作用。在施工工艺的管理上，电脑辅助可以发挥优化施工方案的关键作用，比如模板及脚手架 CAD 图纸设计、混凝土自动搅拌控制、大规模的数据收集及整合处理等都离不开计算机技术的协助。由此可以看出，计算机技术势必会在今后的施工管理中发挥越来越重要的作用。

从现在国内的建筑施工行业现状及施工技术的发展情况来看，今后相当长的一段时期内国内建筑施工将更加着重于钢结构施工、盾构施工、高层建筑物施工、基础施工、桥梁施工、信息化施工以及环保施工等一系列施工技术的研究与创新。由于大型建筑的不断扩展，它们的结构化、规模化特征将会更为明显，整体结构也会更加复杂，因此对它们进行信息化、绿色化、自动化的管理必将成为今后施工发展的新方向。同时，使用机械自动化施工技术来代替某些人工施工技术，用精细化的施工技术代替过于粗放的施工技术，利用更加绿色环保的施工技术来代替高耗能、高污染的施工技术，等，都是现代装配式施工技术的发展方向。

2 装配式钢结构材料

2.1 主体结构材料

2.1.1 钢 材

1. 钢材的分类

（1）按化学成分分类。

① 碳素结构钢。

含碳量为 0.02%～2.0% 的铁碳合金称为钢。根据钢的含碳量不同划分钢号。一般把含碳量<0.25% 的钢称为低碳钢；含碳量为 0.25%～0.6% 的称为中碳钢；含碳量>0.6% 的称为高碳钢。建筑钢结构主要使用低碳钢。

按现行国家标准《碳素结构钢》（GB/T 700—2006）的规定，碳素钢分为 4 个牌号，即 Q195、Q215、Q235 和 Q275。

《碳素结构钢》（GB/T 700—2006）中钢材牌号的表示方法由屈服强度"屈"字汉语拼音的首位字母 Q、屈服强度数值（MPa）、质量等级符号（A、B、C、D）及脱氧方法符号（F、Z、TZ）4 个部分组成。质量等级中以 A 级最低、D 级最优；F、Z、TZ 则分别是"沸""镇"及"特镇"汉语拼音的首位字母，分别代表沸腾钢、镇静钢及特殊镇静钢，其中代号 Z、TZ 可以省略。按照国家标准，钢号 Q235A 代表屈服点为 235 MPa 的 A 级镇静碳素结构钢。

② 低合金结构钢。

合金钢是在冶炼碳素结构钢时增加一些合金元素炼成的钢，目的是提高钢材的强度、冲击韧性、耐腐蚀性等，而不太降低其塑性。根据合金元素含量的多少，合金钢可以分为低合金钢（合金元素的含量<5%）、中合金钢（5%≤合金元素的含量≤10%）和高合金钢（合金元素的含量>10%）。

低合金高强度结构钢的牌号表示方法与碳素结构钢一致，即由代表屈服强度"屈"字的汉语拼音字母 Q、规定的最小上屈服强度数值、交货状态代号、质量等级符号四个部分按顺序排列表示。低合金高强度结构钢的牌号有 Q355、Q390、Q420、Q460、Q500、Q550、Q620 和 Q690 共 8 种，见《低合金高强度结构钢》（GB 1591—2018）。建筑结构钢中常采用低合金钢，我国常用的低合金钢有 Q355、Q390 等钢号的钢种。

③ 桥梁用结构钢。

按现行国家标准《桥梁用结构钢》（GB/T 714—2015）的规定，桥梁用结构钢分为 Q345q、Q370q、Q420q、Q460q、Q500q、Q550q、Q620q 和 Q690q 共 8 个牌号。

钢的牌号由代表屈服强度的汉语拼音字母、屈服强度数值、桥字的汉语拼音字母、质量等级符号等几个部分组成。例如：Q420qD，其中：Q——桥梁用钢屈服强度的"屈"字汉语拼音的首位字母；420——屈服强度数值，单位 MPa；q——桥梁用钢的"桥"字汉语拼音的首位字母；D——质量等级为 D 级。

④ 热处理低合金钢。

低合金钢可用适当的热处理方法来进一步提高其强度且不显著降低其塑性和韧性，这种钢的屈服点超过 700 MPa。

（2）按浇注脱氧程度分类。

① 沸腾钢。

沸腾钢是在钢液中仅用锰铁弱脱氧剂进行脱氧而成的。钢液在铸锭时有相当多的氧化铁，它与碳等化合生成一氧化碳等气体，使钢液沸腾。铸锭后冷却快，气体不能全部逸出，因而沸腾钢有下列缺陷：

a. 钢锭内存在气泡，轧制时虽容易闭合，但晶粒粗细不匀。

b. 硫、磷等杂质分布不匀，局部也较集中。

c. 气泡及杂质不匀，使钢材质量不匀，尤其是使轧制的钢材产生分层，当厚钢板在垂直厚度方向产生拉力时，钢板产生层状撕裂。

② 镇静钢。

镇静钢是在钢液中添加适量的硅和锰等强脱氧剂进行较彻底的脱氧而成的。铸锭时不发生沸腾现象，浇注时钢液表面平静，冷却速度很慢。因此，相对于沸腾钢而言，镇静钢具有以下优点：

a. 残留气体少。

b. 杂质少，质量均匀。

c. 冲击韧性、可焊性、塑性及抗冷脆等方面均较好。

2. 钢材的规格

（1）常用钢板。

装配式钢结构使用的钢板（钢带）根据轧制方法分为冷轧板和热轧板。

① 钢板与钢带的区别。

钢板和钢带的不同，主要体现在其成品形状上。钢板是指平板状、矩形的，可直接轧制或由宽钢带剪切而成的板材。一般情况下，钢板是指一种宽厚比和表面积都很大的扁平钢材，如图 2-1 所示。钢带一般是指成卷交货的钢材，如图 2-2 所示。

图 2-1　钢板

图 2-2　钢带

② 钢板、钢带的规格。

根据钢板的薄厚程度，钢板大致可分为薄钢板（厚度≤4 mm）和厚钢板（厚度>4 mm）两种。在实际工作中，常将厚度为 4～20 mm 的钢板称为中板；将厚度为 20～60 mm 的钢板称为厚板；将厚度>60 mm 的钢板称为特厚板。成张钢板的规格以符号"—"加"宽度（mm）×厚度（mm）×长度（mm）"或"宽度（mm）×厚度（mm）"表示，如—450×10×300、—450×10。

钢带也可分为两种，当宽度大于或等于 600 mm 时，称为宽钢带；当宽度小于 600 mm 时，称为窄钢带。钢带的规格以"厚度（mm）×宽度（mm）"表示。

（2）常用型钢。

装配式钢结构常用型钢是热轧型钢，主要有 H 型钢、T 型钢、工字钢、槽钢、角钢和钢管。

① H 型钢和 T 型钢。

H 型钢和 T 型钢是近年来我国推广应用的新品种热轧型钢。其内、外表面平行，便于和其他构件连接，因此只需少量加工，便可直接用作柱、梁和屋架杆件。H 型钢和 T 型钢均分为宽、中、窄三种类别，其代号分别为 HW、HM、HN 和 TW、TM、TN。宽翼缘 H 型钢的翼缘宽度 B 与其截面高度 H 相等，中翼缘的 $B≈(2/3～1/2)H$，窄翼缘的 $B≈(1/2～1/3)H$。H 型钢和 T 型钢的规格尺寸表示方法采用高度 H（mm）×宽度 B（mm）×腹板厚度 t_1（mm）×翼缘厚度 t_2（mm）表示。

② 工字钢。

工字钢有普通工字钢和轻型工字钢之分，分别用符号"I"和"QI"及号数表示，号数代表截面高度（cm）。

a. I20 和 I32 以上的普通工字钢（图 2-3），同一号数中又分 a、b 和 b、c 类型，其腹板厚度和翼缘宽度均分别递增 2 mm。如 I36a 表示截面高度为 360 mm、腹板厚度为 a 类的普通工字钢。工字钢宜尽量选用腹板厚度最薄的 a 类，这是因其线密度低，而截面惯性矩相对较大。

图 2-3　热轧工字钢

b. 轻型工字钢的翼缘相对于普通工字钢的宽而薄，故回转半径相对较大，可节省钢材。

工字钢由于宽度方向的惯性矩和回转半径比高度方向小得多，因而在应用上有一定的局限性，一般宜用于单向受弯构件。

③ 槽钢。

槽钢（图 2-4）分普通槽钢和轻型槽钢两种，以腹板厚度区分，常用作格构式柱的肢件和檩条等。其型号用符号"["和"Q["及号数表示，号数也代表截面高度（cm）。[14 和[25 号数以上的普通槽钢，同一号数中又分 a、b 和 a、b、c 型，其腹板厚度和翼缘宽度均分别递增 2 mm。如[36a 表示截面高度为 360 mm、腹板厚度为 a 类的普通槽钢。

图 2-4　热轧槽钢

④ 角钢。

角钢分等边角钢（图 2-5）和不等边角钢两种。等边角钢的型号用符号"∟"和肢宽（mm）×肢厚（mm）表示，如∟100×10 为肢宽 100 mm、肢厚 10 mm 的等边角钢。不等边角钢的型号用符号"∟"和长肢宽（mm）×短肢宽（mm）×肢厚（mm）表示，如∟100×80×8 为长肢宽 100 mm、短肢宽 80 mm、肢厚 8 mm 的不等边角钢。我国目前生产的最大等边角钢的肢宽为 200 mm，最大不等边角钢的两个肢宽为 200 mm×125 mm。角钢的长度一般为 3～19 m。

图 2-5　等边角钢

⑤ 钢管。

钢管分无缝钢管和电焊钢管两种，型号用"Φ"和外径（mm）×壁厚（mm）表示，如 Φ219×14 为外径 219 mm、壁厚 14 mm 的钢管。我国生产的最大无缝钢管为 Φ630×16，最大电焊钢管为 Φ152×5.5。

（3）冷弯型钢和压型钢板。

建筑中使用的冷弯型钢常用厚度为 1.5～5 mm 薄钢板或钢带经冷轧（弯）或模压而成，故也称为冷弯薄壁型钢。另外还有用厚钢板（厚度大于 6 mm）冷弯成的方管、矩形管、圆管等，称为冷弯厚壁型钢。压型钢板是冷弯型钢的另一种形式，是用厚度为 0.3～2 mm 的镀锌或镀铝锌钢板、彩色涂层钢板经冷轧（压）成的各种类型的波形板。冷弯型钢和压型钢板分别适用于轻钢结构的承重构件和屋面、墙面构件。冷弯型钢和压型钢板都属于高效经济截面，由于壁薄、截面几何形状开展、截面惯性矩大、刚度好，故能高效地发挥材料的作用，节约钢材。

3. 钢材的选用

（1）影响钢材选用的主要因素。

① 结构等级。

建筑钢结构及其构件按其用途、部位和破坏后果的严重性，可分为重要的、一般的和次要的三类，相应的安全等级为一级、二级和三级。如对大跨度屋架、重级工作制吊车梁等按一级考虑，应选用质量好的钢材；对一般屋架、梁和柱等按二级考虑；对其他如梯子、平台、栏杆等则按三级考虑，可采用质量较低的钢材。

② 荷载特征。

结构所受荷载分为静力荷载和动力荷载两种。直接承受动力荷载的构件如吊车梁有经常满载（重级工作制）和不经常满载（中、轻级工作制）的区别，因此，当荷载特征不同时，对钢材的品种和质量等级应作不同的选择。

③ 连接方法。

钢结构的连接方法有焊接和非焊接（采用紧固件连接）之分。焊接结构由于焊接过程的不均匀加热和冷却，会对钢材产生不利影响，故宜选用碳、硫、磷含量较低，塑性和韧性指标较高，可焊性较好的钢材。

④ 工作条件。

结构的工作环境对钢材有很大影响，下列情况的承重结构不宜采用沸腾钢：

a. 焊接结构：重级工作制吊车梁、吊车桁架或类似结构；冬季计算温度等于或低于 20 ℃ 时的轻、中级工作制吊车梁、吊车桁架或类似结构；冬季计算温度等于或低于 0 ℃ 时的其他承重结构。

b. 非焊接结构：冬季计算温度等于或低于-20 ℃ 时的重级工作制吊车梁、吊车桁架或类似结构。

⑤ 其他因素。

其他影响钢材选择的因素还有结构形式、应力状态、钢材厚度等。

（2）钢材选用要求。

① 承重结构钢材应具有抗拉强度、伸长率、屈服强度和硫、磷含量的合格证，对焊接结构尚应具有含碳量的合格保证。

② 主要焊接结构不能使用 Q235A 级钢，因为 Q235A 级钢的碳含量不作为交货条件，即不作为保证，即使生产厂提供碳含量合格保证，也只能视为参考，不能排除钢材有离散性大、质量不稳定等现象。因此如发生事故，生产厂家在法律上不负任何责任。

③ 焊接承重结构以及重要的非焊接承重结构，还应具有冷弯试验的合格证。

④ 需要验算疲劳的结构，钢材应具有冲击韧性的合格证。

⑤ 吊车起质量≥50 t 的中级工作制吊车梁，对冲击韧性的要求与需验算疲劳的结构相同。

⑥ 重要的受拉或受弯的焊接结构，厚度较大的钢材应有冲击韧性合格证。

⑦ 当焊接承重结构采用 Z 向钢时，应符合《厚度方向性能钢板》（GB/T 5313—2010）的规定。

⑧ 有人认为将硫、磷含量控制在不大于 0.01 就可以防止层状撕裂问题，也有人提出在上述要求下，再辅以对厚钢板作全面超声波探伤，排除内部缺陷，就可以代替 Z 向钢的要求，这是不正确的。

⑨ 有以下情况的不应采用 Q235 沸腾钢：

焊接结构：需要验算疲劳；
　　　　　工作温度<-20 °C 的直接受动力荷载；
　　　　　工作温度<-20 °C 的受拉及受弯；
　　　　　工作温度<-30 °C。

非焊接结构：工作温度<-20 °C 的需要验算疲劳。

2.1.2　楼盖材料

1. OSB 板（图 2-6）

OSB 板又称为定向刨花板，是以小径材、间伐材、木芯为原料加工成长刨片，经脱油、干燥、施胶、定向铺装、热压成型等工艺制成的一种定向结构板材，材质均匀、稳定性好、易于加工、抗弯强度高、握螺钉力较高、无甲醛释放。OSB 板材类型如表 2-1 所示。

表 2-1　OSB 板材类型表

类型	适用条件
OSB/1	干燥状态条件下一般用途非承载板材
OSB/2	干燥状态条件下承载板材
OSB/3	潮湿状态条件下承载板材
OSB/4	潮湿状态条件下承重载板材

2. 水泥纤维板（图 2-7）

水泥纤维板是以硅质、钙质材料为主原料，加入植物纤维，经过制浆、抄取、加压、养护而成的一种建筑板材。这种板材防火绝缘、防水防潮、隔热隔音、寿命超长。

图 2-6　OSB 板材　　　　　　　　　　　图 2-7　水泥纤维板

其物理性能如下：A 级不燃；抗折强度≥20 MPa；吸水率≤40%；含水率≤12%；表观密度≤1.2 t/m³；抗反卤性无水珠、无返潮；25 次冻融循环，不破裂、分层。

3. 玻镁板（图 2-8）

玻镁板是由氧化镁、氯化镁和水构成的三元体系，经配置和加改性剂而制成镁质胶凝材料，以中碱性玻纤网为增强材料，以轻质材料为填充物复合而成的不燃性装饰板材，具有防火、防水、无味、无毒、不腐、不燃、高强质轻、施工方便、使用寿命长等特点。

其物理性能如下：A 级不燃；抗折强度≥20 MPa；吸水率≤25%；表观密度≤1.2 t/m³；抗反卤性无水珠、无返潮；抗冲击强度为 2.4 kJ/m²。

4. 石膏板（图 2-9）

石膏板是以建筑石膏为主要原料，掺入适量轻集料、纤维增强材料和外加剂构成芯材，并与护面纸牢固地黏结在一起的建筑板材。

其物理性能如下：燃烧性能为 B_1 级难燃；密度 $\rho=1\,000\,kg/m^3$；热导率 $\lambda=0.24\,W/(m \cdot K)$；蓄热系数为 5.28。

图 2-8　玻镁板

图 2-9　石膏板

2.1.3　连接材料

1. 螺栓连接材料

（1）普通螺栓连接。

装配式钢结构普通螺栓连接就是将螺栓、螺母、垫圈机械地和连接件连接在一起形成的一种连接形式。从连接工作机理看，荷载是通过螺栓杆受剪、连接板孔壁承压来传递的，接头受力后会产生较大的滑移变形，因此一般受力较大的结构或承受动力荷载的结构，应采用精制螺栓，以减少接头变形量。由于精制螺栓加工费用较高、施工难度大，工程上极少采用，已逐渐为高强度螺栓所取代。

普通螺栓连接时由螺栓、螺母和垫圈三部分组成的，现分述如下。

普通螺栓可分为六角头螺栓、双头螺栓和地脚螺栓等。

a. 六角头螺栓。按照制造质量和产品登记，六角头螺栓可分为 A、B、C 三个等级，其中，A、B 级为精制螺栓，C 级为粗制螺栓。A、B 级一般用 35 号钢或 45 号钢做成，级别为 5.6

级或 8.8 级。A、B 级螺栓加工尺寸精确、受剪性能好、变形很小，但制作和安装复杂、价格昂贵，目前在钢结构中应用较少。C 级为六角头螺栓，也称粗制螺栓，一般由 Q235 镇静钢制成，性能等级为 4.6 级和 4.8 级。C 级螺栓的常用规格从 M5 至 M64 共有几十种，常用于安装连接及可拆卸的结构中，有时也可以用于不重要的连接或安装时的临时固定等。

普通螺栓的通用规格为 M8、M10、M12、M16、M20、M24、M30、M36、M42、M48、M56 和 M64 等。

b. 双头螺栓。双头螺栓一般称为螺栓，多用于连接厚板和不便使用六角头螺栓连接的地方，如混凝土屋架、屋面梁悬挂单轨梁吊挂件等。

c. 地脚螺栓。地脚螺栓分一般地脚螺栓、直角地脚螺栓、锤头螺栓和锚固地脚螺栓 4 种。

一般地脚螺栓和直角地脚螺栓是在浇筑混凝土基础时预埋在基础中用以固定钢柱的。

锤头螺栓是基础螺栓的一种特殊形式，是在混凝土基础浇筑时将特制模箱（锚固板）预埋在基础内用以固定钢柱的。

锚栓是用于钢构件与混凝土构件之间的连接件，如钢柱柱脚与混凝土基础之间的连接、钢梁与混凝土墙体之间的连接等。锚栓分为化学试剂型和机械型两类。化学试剂型是指锚栓通过化学试剂（如结构胶等）与其所植入的构件材料黏结传力，而机械型则不需要。

（2）高强度螺栓连接。

高强度螺栓是钢结构工程中发展起来的一种新型连接形式，现已发展成为钢结构连接的主要手段之一，在高层建筑钢结构中已成为主要的连接件。高强度螺栓是用优质碳素钢或低合金钢材料制成的一种特殊螺栓，由于螺栓的强度高，故称高强度螺栓。高强度螺栓连接具有安装简便、迅速、能装能拆和承压高、受力性能好、安全可靠等优点。

① 高强度螺栓分类。

高强度螺栓采用经过热处理的高强度钢材做成，施工时需要对螺栓杆施加较大的预拉力。

a. 高强度螺栓从性能等级上可分为 8.8 级和 10.9 级（也记作 8.8S、10.9S）。

b. 高强度螺栓根据其受力特征可分为摩擦型高强度螺栓与承压型高强度螺栓两类。摩擦型高强度螺栓是靠连接板叠间的摩擦阻力传递剪力，以摩擦阻力被克服作为连接承载力的极限状态，具有连接紧密、受力良好、耐疲劳的特点，适宜承受动力荷载，但连接面需要做摩擦面处理，如喷砂、喷砂后涂无机富锌漆等。承压型高强度螺栓，是当剪力大于摩擦阻力后，以螺杆被剪断或连接板被挤坏作为承载力极限状态，其计算方法基本上同普通螺栓，它们的承载力极限值大于摩擦型高强度螺栓。

c. 高强度螺栓根据螺栓构造及施工方法不同，可分为大六角头高强度螺栓、扭剪型高强度螺栓两类，如图 2-10、图 2-11 所示。

图 2-10 大六角头高强度螺栓

图 2-11 扭剪型高强度螺栓

大六角头高强度螺栓的头部尺寸比普通六角头螺栓要大，可适应施工预拉力的工具及操作要求，同时也可增大与连接板间的承压或摩擦面积。大六角头高强度螺栓施加预拉力的工具有电动、风动扳手及人工特制扳手。

扭剪型高强度螺栓的尾部连着一个梅花头，梅花头与螺栓尾部之间有一沟槽。当用特制扳手拧螺母时，以梅花头作为反拧支点，终拧时梅花头沿沟槽被拧断，并以拧断为标准表示已达到规定的预拉力值。

② 高强度螺栓的性能。

高强度螺栓和与之配套的螺母和垫圈合称连接副，须经热处理（淬火和回火）后方可使用。高强度大六角头螺栓连接副包括一个螺栓、一个螺母和两个垫圈。扭剪型高强度螺栓连接副包括一个螺栓、一个螺母和一个垫圈。

a. 高强度螺栓的规格共有 M12、M16、M18、M20、M22、M24、M27、M30 几种。螺栓、螺母、垫圈均应附有质量证明书，并应符合设计要求和国家标准的规定。高强度螺栓（六角头螺栓、扭剪型螺栓等）、半圆头铆钉等孔的直径应比螺栓杆和钉杆公称直径大 1.0～3.0 mm。螺栓孔应具有 H14（H15）的精度。

b. 高强度螺栓按性能等级可分为 8.8、10.9、12.9 级等。8.8 级仅用于大六角头高强度螺栓，10.9 级用于扭剪型高强度螺栓和大六角头高强度螺栓。制造厂应对原材料（按加工高强度螺栓的同样工艺进行热处理）进行抽样试验，其力学性能应符合相关规定。

c. 采用高强度螺栓连接副，应分别符合《钢结构用高强度大六角头螺栓》（GB/T 1228—2006）、《钢结构用高强度大六角螺母》（GB/T 1229—2006）、《钢结构用高强度垫圈》（GB/T 1230—2006）、《钢结构用高强度大六角头螺栓、大六角螺母、垫圈技术条件》（GB/T 1231—2006）或《钢结构用扭剪型高强度螺栓连接副》（GB/T 3632—2008）的规定。

d. 高强度螺栓连接副必须经过以下试验，符合规范要求后方可出厂：材料、炉号、制作批号、化学成分与机械性能证明或试验数据；螺栓的负荷试验；螺母的保证荷载试验；螺母及垫圈的硬度试验；连接副的扭矩系数试验（注明试验温度）；大六角头连接副的扭矩系统数平均值和标准偏差；扭剪型连接副的紧固轴力平均值和标准偏差。

e. 高强度螺栓的储运应符合：

存放应防潮、防雨、防粉尘，并按类型和规格分类存放；使用时应轻拿轻放，防止撞击、损坏包装和损伤螺纹；发放和回收应做记录，使用剩余的紧固件应当回收保管。

长期保管超过 6 个月或保管不善而造成螺栓生锈及沾染脏物等可能改变螺栓的扭矩系数或性能的高强度螺栓，应视情况进行清洗、除锈和润滑等处理，并对螺栓进行扭矩系数或预拉力检验，合格后方可使用。

高强度螺栓连接摩擦面应平整、干燥，表面不得有氧化皮、毛刺、焊疤、油漆和油污等。

2. 自攻钉

（1）连接件：成熟的节点、标准化的连接件，确保现场安装的便捷性，连接件同样采用高强高锌的镀锌板材加工，保证结构件的耐蚀性。连接件形式包括：蝶型连接件、屋架角钢、三向角钢、抗拔加强件、楼层梁托等，具体如图 2-12 所示。

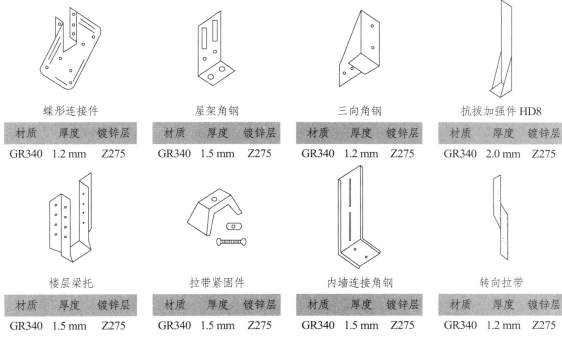

蝶形连接件			屋架角钢			三向角钢			抗拔加强件 HD8		
材质	厚度	镀锌层	材质	厚度	镀锌层	材质	厚度	镀锌层	材质	厚度	镀锌层
GR340	1.2 mm	Z275	GR340	1.5 mm	Z275	GR340	1.2 mm	Z275	GR340	2.0 mm	Z275

楼层梁托			拉带紧固件			内墙连接角钢			转向拉带		
材质	厚度	镀锌层	材质	厚度	镀锌层	材质	厚度	镀锌层	材质	厚度	镀锌层
GR340	1.5 mm	Z275	GR340	1.5 mm	Z275	GR340	1.5 mm	Z275	GR340	1.2 mm	Z275

图 2-12　连接件形式

（2）紧固件：钢结构的主要连接件。高强度紧固件已经被广泛应用在工业与民用建筑、桥梁、厂房等钢结构工程中，具有受力性能好、连接刚度高、抗震性能好、施工简便快捷等优点。施加到紧固件上的紧固轴力，使连接板之间相互夹紧并产生板之间的摩擦力来传递外部荷载，在连接点上紧固件不受剪力，接头应力传递圆滑，因此连接刚度高。

作为紧固件的自攻钉主要划分为：六角头自攻钉、十字盘头自攻钉、十字沉头刮削钻尾钉、化学锚栓、地脚螺栓和膨胀螺栓等，如图 2-13 至图 2-18 所示。

图 2-13　六角头自攻钉

图 2-14　十字盘头自攻钉

图 2-15　十字沉头刮削钻尾钉

图 2-16　化学螺栓

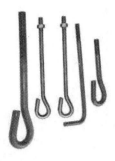

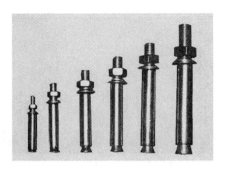

图 2-17　地脚螺栓　　　　　　　　　　图 2-18　膨胀螺栓

2.2　围护系统材料

2.2.1　外墙材料

1. PVC 外墙挂板（图 2-19）

PVC 外墙挂板是聚氯乙烯树脂与稳定剂等辅料配合加工而成的外墙板材，具有抗氧化、耐腐蚀、价格低廉、节能环保、施工便利、受季节变化影响小的特点。

2. 木纹水泥纤维挂板（图 2-20）

木纹水泥纤维挂板是以水泥为胶黏成分，加入适量的植物纤维，做成的表面带有木纹的水泥纤维板，叠板后的外观更自然、更美观，具有经久耐用、质轻、隔热、抗冻、吸声、防火防霉、防蚁等特点。

图 2-19　PVC 外墙挂板　　　　　　　图 2-20　木纹水泥纤维挂板

3. 水泥纤维装饰板（图 2-21）

水泥纤维装饰板以水泥质材料为基材，以复合纤维为增强材料，按一定配方混合加工成平板，经高温高压养护而成，是一种集功能性、装饰性为一体的高档外墙装饰板材。该产品具有质量轻、防火、防水、防霉、防鼠、防蚁、隔热、隔音、抗冲击、耐酸碱、耐老化、抗冻、绿色环保等特点，广泛应用于各类民用建筑、公用建筑等。

4. 人造文化石（图 2-22）

人造文化石是采用人工的方法把天然形成的每种石材的纹理、色泽、质感进行升级再现而成的外墙材料，效果极富原始、自然、古朴的韵味。高档人造文化石具有环保节能、质地轻、色彩丰富、不霉、不燃、抗融冻性好、便于安装等特点。

图 2-21　水泥纤维装饰板　　　　　　　图 2-22　人造文化石

2.2.2　屋盖材料

1. 彩钢屋面板（图 2-23）

彩钢屋面板是采用彩色涂层钢板，经辊压冷弯成的各种波形的压型板，具有质轻、高强、防雨、寿命长、色泽丰富、施工方便快捷、免维修等特点，现已经被广泛推广应用。

2. 彩石金属瓦（图 2-24）

彩石金属瓦是以镀铝锌钢板为基板，经过前后保护膜处理，面层使用了无毒无害优质黏合剂，再铺上天然彩色石粒形成的，具有轻质高强、牢固耐用、安装方便的特点。

3. 沥青瓦（图 2-25）

沥青瓦是以玻璃纤维毡为胎体，经浸涂优质石油沥青后，一面覆盖彩色矿物粒料，另一方面撒以隔离材料所制成的瓦状屋面防水片材，是一种具有装饰与防水功能的屋面材料。它具有良好的防水、装饰功能和色彩丰富、形式多样、质轻面细、施工简便等特点。

4. 陶土瓦（图 2-26）

陶土瓦是用黏土和其他合成物制作成湿胚干燥后通过高温烧制而成的，色彩丰富艳丽，不易失色，防火且寿命长，搪瓷表面致密，能防止细菌和污垢产生和进入，无异味且不释放有害物质、易清洁、不需要维护保养。

图 2-23　彩钢屋面板

图 2-24　彩石金属瓦

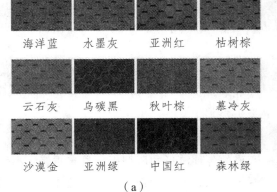

海洋蓝	水墨灰	亚洲红	枯树棕
云石灰	乌碳黑	秋叶棕	慕冷灰
沙漠金	亚洲绿	中国红	森林绿

（a）

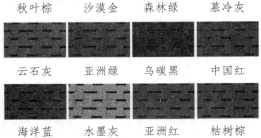

秋叶棕	沙漠金	森林绿	慕冷灰
云石灰	亚洲绿	乌碳黑	中国红
海洋蓝	水墨灰	亚洲红	枯树棕

（b）

图 2-25　沥青瓦

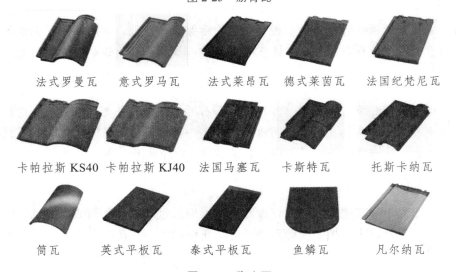

法式罗曼瓦	意式罗马瓦	法式莱昂瓦	德式莱茵瓦	法国纪梵尼瓦
卡帕拉斯 KS40	卡帕拉斯 KJ40	法国马塞瓦	卡斯特瓦	托斯卡纳瓦
筒瓦	英式平板瓦	泰式平板瓦	鱼鳞瓦	凡尔纳瓦

图 2-26　陶土瓦

2.3 涂装材料

2.3.1 防腐材料

钢结构常用加重腐蚀涂料构成长效防腐结构，或者用配套重防腐涂料涂装防护。

（1）采用耐候钢：采用耐大气腐蚀钢，在钢中加入一定量的铬、镍、钛等合金元素，可制成不锈钢。通过加入某些合金元素，可以提高钢材的耐锈蚀能力。

（2）金属覆盖：用镀或喷镀的方法将涂料覆盖在钢材表面，提高钢材的耐腐蚀能力。薄壁钢材可采用热浸镀锌（白铁皮）、镀锡（马口铁）、镀铜、镀铬或镀锌后加涂塑料涂层等措施。

（3）非金属覆盖：钢结构防止锈蚀通常采用表面刷漆、喷涂涂料、搪瓷、塑料等方法。常用的底漆有红丹、环氧富锌漆、铁红环氧底漆等，面漆有调和漆、醇酸磁漆、酚醛磁漆等。

2.3.2 防火材料

设计师依据国家的规范规定和客户的要求，结合钢结构的特点，进行功能设计，为客户提供经济舒适的住宅。主要功能设计包括防火设计、隔音设计和节能设计，功能设计应和经济性最终达到有效的统一。防火是建筑功能中安全性的要求，其设计主要考虑建筑平面设计、构件的耐火极限以及防火间距。

其中各个构件防火要求如下：

屋面体系——燃烧级别为难燃，耐火极限为 1 h；

楼面体系——燃烧级别为难燃，耐火极限为 1 h；

非承重墙——燃烧级别为难燃，耐火极限为 0.5 h；

承重墙——燃烧级别为难燃，耐火极限为 1 h；

外墙——燃烧级别为难燃，耐火极限为 1 h；

防火墙（根据建筑要求设置时）——燃烧级别为不燃，耐火极限为 3 h；

楼梯——燃烧级别为难燃，耐火极限为 0.5 h。

目前，系统采用的防火材料基本要求如下：

（1）应为不燃材料（燃烧等级为 A 级）。

（2）在高温下线收缩率小。

（3）受火灾时不炸裂，不产生裂纹。

（4）应有产品鉴定书。

常用的防火材料有：

（1）岩棉（图 2-27）：利用天然岩石及矿物等为基体原料，经高温熔化，纤维化后加入适量黏结剂制成。

其物理性能如下：燃烧性能为 A 级不燃；密度 $\rho=80 \sim 110 \ kg/m^3$；导热系数 $\leq 0.044 \ W/(m \cdot K)$；耐热度 $\geq 650 \ ℃$；具有优良的隔音性能。

（2）玻璃纤维棉（图 2-28）：将处于熔融状态的玻璃用离心喷吹工艺进行纤维化喷涂热固性树脂制成的丝状材料，热固化后制成产品。

其物理性能如下：耐高温、隔热、隔音；燃烧性能为 A 级不燃；稳定、耐老化、抗腐蚀。

图 2-27　岩棉

图 2-28　玻璃纤维棉

1. 防火涂料分类

钢结构防火涂料是施涂于建筑物及构筑物的钢结构表面，能形成耐火隔热保护层以提高钢结构耐火极限的涂料。

钢结构防火涂料按其涂层厚度及性能特点可分为：

（1）B 类：薄涂型钢结构防火涂料，涂层厚度一般为 2 ~ 7 mm，有一定装饰效果，高温时膨胀增厚、耐火隔热，耐火极限为 0.5 ~ 1.5 h，又称为钢结构膨胀防火涂料。

（2）H 类：厚涂型钢结构防火涂料，其涂层厚度一般为 8 ~ 50 mm，粒状表面，密度较小，热导率低，耐火极限为 0.5 ~ 3 h，又称为钢结构防火隔热涂料。

2. 防火涂料涂装方法

（1）厚涂型防火涂料涂装可采用喷涂法施工。
（2）薄涂型防火涂料涂装可采用刷涂、喷涂或滚涂法施工。

2.4　实训项目——认知钢材种类、规格

1. 实训目的

本实训的目的是认知钢材的种类、规格。

2. 实训要求

（1）能认知实物钢材种类、规格，并结合表 2-2 统计其数量。
（2）材料要求：热轧钢板、型钢以及冷弯薄壁型钢、压型钢板。
（3）工具要求：直尺、卡尺、证明文件、中文标志、检验报告。

3. 步骤提示

（1）归类。

（2）识读证明文件、中文标志、检验报告。

（3）测量。

（4）填统计表，如表2-2所示。

4. 实训时间

本实训实训时间为2学时。

5. 实训考核

（1）考核组织。对学生进行分组，由指导教师进行考核。

（2）考核方式与内容。教师根据钢材的种类、规格及相关材料，提出3个问题，由学生进行回答，然后给出实训考核成绩。

表2-2 钢材统计表

项目	材质	规格	长度/m	数量	质量/kg	备注
1						
2						
3						

3 多高层钢结构施工

装配式钢结构建筑是我国建筑产业化发展的需要。装配式钢结构建筑具有标准化设计、工厂化生产、装配化施工、一体化装修、信息化管理等特点；同时，装配式钢结构建筑具有工期短、自重轻、工厂加工、可持续发展的优势，是全寿命周期内的绿色建筑。装配式钢结构现已成为欧洲、美国、日本、澳大利亚等发达国家建筑的重要形式，将成为未来中国建筑发展的主要形式之一。

装配式钢结构建筑是指结构系统、外围护系统、内装系统、设备与管线系统的主要部分采用预制构（部）件部品集成装配建造的建筑，如图 3-1～图 3-4 所示。

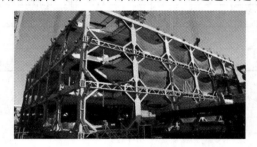

图 3-1　装配式多层钢结构建筑

图 3-2　空间钢结构建筑

图 3-3　装配式高层钢结构建筑

图 3-4　装配式轻钢结构建筑

相对于装配式混凝土建筑而言，装配式钢结构建筑具有以下优点：

（1）没有现场现浇节点，安装速度更快，施工质量更容易得到保证。

（2）钢结构是延性材料，具有更好的抗震性能。

（3）相对于混凝土结构，钢结构自重更轻，基础造价更低。

（4）钢结构是可回收材料，更加绿色环保。

（5）精心设计的钢结构装配式建筑，比装配式混凝土建筑具有更好的经济性。

（6）梁柱截面更小，可获得更多的使用面积。

目前应用较多的多高层钢结构体系有：钢框架结构体系、钢框架-剪力墙结构体系、钢框架-支撑结构体系、钢框架-核心筒结构体系。

1. 钢框架结构体系

框架体系的主要受力构件是框架梁和框架柱，它们共同作用抵抗竖向和水平荷载；框架梁有I形、H形和箱形梁等种类，框架柱有H形、空心圆钢管或方钢管、方钢管混凝土柱等种类。该体系在建筑体系中技术最成熟，使用最多，一般应用于6层多层建筑和抗震设防烈度相对较低的地区，国外1~3层住宅也多采用此形式。

钢框架结构体系的优点包括：

（1）梁柱截面小而跨度大，平面布置灵活，可组成较大空间。

（2）自重轻，延性好，刚度均匀，抗震性能良好。

（3）设计简单，受力和传力体系明确。

（4）杆件形状规则，制造和安装都很简单，施工速度快。

钢框架结构体系的缺点包括：

（1）纯框架结构缺少侧向支撑，结构的侧向刚度较小，侧向力作用下的水平位移较大。

（2）节点采用刚接或半刚接，地震时会产生较大应力集中而导致结构破坏。

2. 钢框架-剪力墙结构体系

钢框架-剪力墙结构体系是以框架为基础，为增强建筑的侧向刚度，防止侧向位移过大，沿其柱网的两个方向布置一定数量的剪力墙的结构体系。由于剪力墙抗震性能较好，钢框架-剪力墙结构体系多适用于7~18层的小高层及高层建筑和地震区多高层钢结构建筑。

在钢框架-剪力墙结构中，钢框架承担全部的竖向荷载，而钢框架和剪力墙协同承担由水平荷载引起的水平剪力，由于剪力墙的抗侧刚度较强，因而采用此种结构体系在多高层建筑中具有很大优势。常见的剪力墙体系有现浇钢筋混凝土剪力墙、钢板剪力墙、预制剪力墙和内藏钢板支撑剪力墙等。

钢框架-剪力墙结构体系的优点包括：

（1）钢柱的截面尺寸较小，用钢量少，成本较低。

（2）侧向刚度较大，整体稳定性较好。

（3）结构分析简单，传力路径明确。

（4）剪力墙的防火耐火性好，可提高结构的防火性能。

钢框架-剪力墙结构体系的缺点包括：

（1）当遇到高烈度地震时，框架与剪力墙的节点处易产生应力集中，造成墙体局部破坏。

（2）现浇混凝土剪力墙为现场湿作业，施工周期较长，且受天气的影响大。

3. 钢框架-支撑结构体系

钢框架-支撑结构体系，是在框架体系的部分框架柱之间设置横向型钢支撑，形成支撑框架的结构体系。其中的钢框架主要承受竖向荷载，钢支撑则承担水平荷载，形成双重抗侧力的结构体系，多适用于高层钢结构建筑。

钢支撑可采用角钢、槽钢和圆钢等，主要用途是增加结构的抗侧刚度；支撑体系包括人字形、十字交叉等中心支撑形式和门架式、单斜杆式、V 形和倒 Y 形等偏心支撑形式；支撑结构一般布置在外墙、分户墙、楼梯间和卫生间的墙上，可根据需要在一跨布置或多跨布置。

钢框架-支撑结构体系的优点包括：

（1）支撑的设置提高了梁、框架和压杆的承载稳定性。

（2）结构侧向刚度较大，有效地减小了梁柱的截面面积，节约钢材和成本。

（3）体系采用全钢构件，便于工厂化加工生产。

钢框架-支撑结构体系的缺点包括：

（1）节点为梁、柱和钢支撑三种构件的连接，构造复杂。

（2）传力路线较长，抗侧效果较差。

（3）支撑常常影响洞口的位置设置，降低了建筑布局的灵活性。

（4）在钢支撑处无法采用墙板，只能采用砌筑方式。

4. 钢框架-核心筒结构体系

钢框架-核心筒结构体系是以钢框架为基础，近中心部位通过现浇混凝土墙体或密排框架柱围成封闭核心筒的结构体系。该体系中框架和筒体为铰接，钢框架承担全部竖向荷载，核心筒则承担全部水平荷载，筒体结构一般布置在卫生间或电梯间设置。

由于综合受力性能好，钢框架-核心筒结构体系目前在我国应用极为广泛，特别适合于地基土质较差地区和地震区，新建的高层和超高层建筑几乎都采用了钢框架-核心筒体系。

钢框架-核心筒结构体系的优点包括：

（1）节约钢材，造价较低。

（2）结构各部分受力分工明确，核心筒抗侧刚度极强。

（3）一般将框架柱布置在阳台和转角部位，不占用住宅和布置空间，且装修方便。

（4）核心筒为现浇施工，使得卫生间具有良好的防水性能。

（5）除筒体部分为现浇外，其余构件均可以工厂化生产，缩短工期 30% ~ 40%。

钢框架-核心筒结构体系的缺点包括：

（1）钢框架与核心筒的刚度差别大，核心筒承担约九成的水平力，强震作用下的钢筋混凝土核心筒很容易破坏。

（2）筒体的连接构造复杂，施工技术要求水平较高。

（3）混凝土现场作业量很大。

3.1 钢结构生产准备

3.1.1 钢结构加工前的生产准备

1. 详图设计和审查图纸

一般设计院提供的设计图，不能直接用来加工制作钢结构，而是要考虑加工工艺，如公差配合、加工余量、焊接控制等因素后，在原设计图的基础上绘制加工制作图（又称施工详图）。详图设计一般由加工单位负责进行，应根据建设单位的技术设计图纸以及发包文件中所规定的规范、标准和要求进行。加工制作图是最后沟通设计人员及施工人员意图的详图，是实际尺寸、画线、剪切、坡口加工、制孔、弯制、拼装、焊接、涂装、产品检查、堆放、发送等各项作业的指示书。

图纸审核的主要内容包括以下项目：

（1）设计文件是否齐全，设计文件包括设计图、施工图、图纸说明和设计变更通知单等。

（2）构件的几何尺寸是否标注齐全。

（3）相关构件的尺寸是否正确。

（4）节点是否清楚，是否符合国家标准。

（5）标题栏内构件的数量是否符合工程和总数量。

（6）构件之间的连接形式是否合理。

（7）加工符号、焊接符号是否齐全。

（8）结合本单位的设备和技术条件考虑，能否满足图纸上的技术要求。

（9）图纸的标准化是否符合国家规定等。

图纸审查后要做技术交底准备，其内容主要有：

（1）根据构件尺寸考虑原材料对接方案和接头在构件中的位置。

（2）考虑总体的加工工艺方案及重要的工装方案。

（3）对构件的结构不合理处或施工有困难的地方，要与需方或者设计单位做好变更签证的手续。

（4）列出图纸中的关键部位或者有特殊要求的地方，加以重点说明。

2. 备料和核对

根据图纸材料表计算出各种材质、规格、材料净用量，再加一定数量的损耗提出材料预算计划。工程预算一般可按实际用量所需的数值再增加10%进行提料和备料。核对来料的规格、尺寸和质量大小，仔细核对材质；如进行材料代用，必须经过设计部门同意，并进行相应修改。

3. 编制工艺流程

编制工艺流程的原则是操作能以最快的速度、最少的劳动量和最低的费用，可靠地加工出符合图纸设计要求的产品。其主要内容包括：

（1）成品技术要求。

（2）具体措施：关键零件的加工方法、精度要求、检查方法和检查工具；主要构件的工艺流程、工序质量标准、工艺措施（如组装次序、焊接方法等）；采用的加工设备和工艺设备。

工艺流程表（或工艺过程卡）的基本内容包括零件名称、件号、材料牌号、规格、件数、工序名称和内容、所用设备和工艺装备名称及编号、工时定额等。关键零件还要标注加工尺寸和公差，重要工序要画出工序图。

4. 组织技术交底

上岗操作人员应进行培训和考核，特殊工种应进行资格确认，充分做好各项工序的技术交底工作。技术交底按工程的实施阶段可分为两个层次。

第一个层次是开工前的技术交底会，参加的人员主要有工程图纸的设计单位、工程建设单位、工程监理单位及制作单位的有关部门和有关人员。技术交底主要内容有：

（1）工程概况。

（2）工程结构件的类型和数量。

（3）图纸中关键部位的说明和要求。

（4）设计图纸的节点情况介绍。

（5）对钢材、辅料的要求和原材料对接的质量要求。

（6）工程验收的技术标准说明。

（7）交货期限、交货方式的说明。

（8）构件包装和运输要求。

（9）涂层质量要求。

（10）其他需要说明的技术要求。

第二个层次是在投料加工前进行的本工厂施工人员交底会，参加的人员主要有制作单位的技术、质量负责人，技术部门和质检部门的技术人员、质检人员，生产部门的负责人、施工员及相关工序的代表人员，等。此类技术交底主要内容除上述 10 点外，还应增加工艺方案、工艺规程、施工要点、主要工序的控制方法、检查方法等与实际施工相关的内容。

5. 钢结构制作的安全工作

钢结构生产效率很高，工件在空间大量、频繁地移动，各个工序中大量采用的机械设备都须作必要的防护和保护。因此，生产过程中的安全措施极为重要，特别是在制作大型、超大型钢结构时，更必须十分重视安全事故的防范。

（1）进入施工现场的操作者和生产管理人员均应穿戴好劳动防护用品，按规程要求操作。

（2）对操作人员进行安全学习和安全教育，特殊工种必须持证上岗。

（3）为了便于钢结构的制作和操作者的操作活动，构件宜在一定高度上测量。装配组装胎架、焊接胎架、各种搁置架等，均应与地面离开 0.4 ~ 1.2 m。

（4）构件的堆放、搁置应十分稳固，必要时应设置支撑或定位。构件堆垛不得超过 2 层。

（5）索具、吊具要定时检查，不得超过额定荷载。正常磨损的钢丝绳应按规定更换。

（6）所有钢结构制作中各种胎具的制造和安装，均应进行强度计算，不能仅凭经验估算。

（7）生产过程中所使用的氧气、乙炔、丙烷、电源等必须有安全防护措施，并定期检测泄漏和接地情况。

（8）对施工现场的危险源应做出相应的标志、信号、警戒等，操作人员必须严格遵守各岗位的安全操作规程，以避免意外伤害。

（9）构件起吊应听从一个人的指挥。构件移动时，移动区域内不得有人滞留和通过。

（10）所有制作场地的安全通道必须畅通。

3.1.2 钢部件及钢零件加工操作

1. 钢结构的放样与号料

（1）钢结构放样。

样板标注要求：

① 放样工作人员应熟悉整个钢结构加工工艺，了解工艺流程及加工过程，以及需要的机械设备性能及规格。

② 放样应从熟悉图纸开始，首先看清施工技术要求，逐个核对图纸之间的尺寸和相互关系，并校对图样各部尺寸。

③ 放样时，以1:1的比例在样板台上弹出大样。

④ 用作计量长度依据的钢盘尺，应经授权的计量单位计量，且附有偏差卡片。

⑤ 放样结束，应进行自检，如表3-1所示。

加工余量：

① 自动气割切断的加工余量为3 mm；手工气割切断的加工余量为4 mm；气割后需铣端或刨边者，其加工余量为4~5 mm。

② 剪切后无须铣端或刨边的加工余量为零。

③ 对焊接结构零件的样板，除放出上述加工余量外，还须考虑焊接零件的收缩量，一般沿焊缝长度纵向收缩率为0.03%~0.2%；沿焊缝宽度横向收缩，每条焊缝为0.03~0.75 mm；加强肋的焊缝引起的构件纵向收缩，每肋每条焊缝为0.25 mm。

样板、样杆制作尺寸的允许偏差如表3-1所示。

表3-1 样板、样杆制作尺寸的允许偏差（单位：mm）

项目		容许偏差
样板	长度	0~0.5
	宽度	0.5~5.0
	两对角线长度差	1.0
样杆	长度	1.0
	两最外排孔中心线距离	1.0
同组内相邻两孔中心线距离		0.5
相邻两组端孔间中心线距离		1.0
加工样板的角度		20′

（2）钢材号料。

根据施工图样的几何尺寸、形状制成样板，利用样板或计算出的下料尺寸，直接在板料或型钢表面上画出构件形状的加工界线。

内容包括：检查核对材料，在材料上划出切割、铣、刨、弯曲、钻孔等加工位置，打钻孔，标出构件的编号，等。

钢材号料的允许偏差如表3-2所示：

表3-2 钢材号料的允许偏差（单位：mm）

项目	允许偏差
零件外形尺寸	±1.0
孔距	±0.5

2. 钢材的切割方法

（1）机械剪切。

机械剪切主要仪器：剪板机、无齿锯、砂轮锯、锯床。

机械剪切要求：

① 切割前，将钢板表面清理干净。

② 切割时，应有专人指挥、控制操纵机构。

③ 切口附近区域的钢材发生硬化，在制造重要构件时，需将硬化区的宽度刨削除掉或者进行热处理。

④ 采用机械剪切时，允许偏差如表 3-3、表 3-4 所示。

表 3-3　机械剪切允许偏差（单位：mm）

项目	允许偏差
零件宽度、长度	±3.0
边缘缺棱	1.0
型钢端部垂直度	2.0

表 3-4　各种切削方法分类比较

类别	使用设备	特点及适用范围
机械切割	剪板机型钢冲剪机	切割速度快、切口整齐、效率高，适用于薄钢板、压型钢板、冷弯钢管的切削
	无齿锯	切割速度快，可切割不同形状、不同对的各类型钢、钢管和钢板，切口不光洁、噪声大，适于锯切精度要求较低的构件或下料留有余量最后尚需精加工的构件
	砂轮锯	切口光滑、生刺较薄易清除、噪声大、粉尘多，适于切割薄壁型钢及小型钢管，切割材料的厚度不宜超过 4 mm
	锯床	切割精度高，适于切割各类型钢及梁、柱等型钢构件

（2）气割。

气割分为自动切割、手动切割两类。

气割操作要求：

① 钢材气割时，应先点燃割炬，即调整火焰。

② 当预热钢板的边缘略呈红色时，将火焰局部移出边缘线以外，同时慢慢打开切割氧气阀门。

③ 若遇切割必须从钢板中间开始，应在钢板上先割出孔，再按切割线进行切割。

④ 发生回火现象时，应迅速关闭预热氧气和切割锯。

⑤ 切割临近终点时，嘴头应略向切割前进的反方向倾斜。

⑥ 钢材气割质量允许偏差应如表 3-5 所示。

表 3-5　钢材气割质量允许偏差（单位：mm）

项目	允许偏差	项目	允许偏差
零件宽度、长度	±3.0	割纹深度	0.3
切割面平面度	0.05 t 且不大于 2.0	局部缺口深度	1.0

注：t 为切割面厚度。

（3）等离子切割。

等离子切割的切割温度高、冲刷力大，切割边质量好，变形小，可以切割任何高熔点金属，特别是不锈钢、铝、铜及其合金等。

其常用方法包括一般等离子切割和空气等离子切割。

① 一般切割。

一般的等离子切割不用保护气，工作气体和切割气体从同一喷嘴内喷出。引弧时，喷出小气流离子气体作为电离介质；切割时，则同时喷出大气流气体以排除熔化金属。

② 空气切割。

空气等离子切割一般使用压缩空气作为离子气，这种方法切割成本低，气源来源方便。压缩空气在电弧中加热、分解和电离，生成的氧气切割金属产生化学放热反应，可加快切割速度。充分电离了的空气等离子体的热熔值高，因而电弧的能量大，切割速度快。

3. 钢构件模具压制与制孔

（1）模具压制。

钢构件模具压制是在压力设备上利用模具使钢材成型的一种工艺方法。

模具安装：

上模：由螺栓固定在压力机压柱上的固定横梁上。

下模：由螺栓固定在压力机的工作台上。

模具加工：

冲裁模：使板料或型材分离。

弯曲模：使板料或型材弯曲。

拉深模：使板料轴对称、非对称或半敞变形拉深。

压延模：对钢材进行冷挤压或温柔挤压。

其他成形模：对板料半成品进行再成形。

（2）钢构件制孔。

① 制孔方法：

钻孔：用于任何规格的钢板、型钢的孔加工。

冲孔：只在较薄的钢板或型钢上冲孔。

铰孔：对已经粗加工的孔进行细加工，提高光洁度和精度。

扩孔：将已有孔眼扩大到需要的直径。

制孔质量检验：

a. 螺栓孔周边应无毛刺、破裂、喇叭口和凹凸的痕迹，切屑应清除干净。

b. 高强度螺栓应采用钻孔。

c. A、B 级螺栓孔应具有 H12 的精度，孔壁表面粗糙度不应大于 12.5 μm，螺栓孔的直径应与螺栓公称直径相等。C 级螺栓孔壁表面粗糙度不应大于 25 μm。

②孔距要求：

孔距要求如表 3-6 所示。

表 3-6　孔距要求（单位：mm）

螺栓孔距范围	≤500	501～1 200	1 201～3 000	>3 000
同一组内任意两孔间距离	±1.0	±1.5	—	—
相邻两组的端孔间距离	±1.5	±2.0	±2.5	±3.0

4. 钢构件边缘加工

（1）加工部位。

①起重机梁翼缘板、支座支承面等具有工艺性要求的加工面。

②设计图样中有技术要求的焊接坡口。

③尺寸精度要求严格的加劲板、隔板、腹板及有孔眼的节点板等。

（2）加工方法。

①铲边：加工质量要求不高、工作量不大的边缘加工。

②刨边：直边和斜边。

③铣边：端面加工，保持精度。

（3）边缘加工质量。

边缘加工的允许偏差如表 3-7 所示。

表 3-7　边缘加工的允许偏差（单位：mm）

项目	允许偏差	项目	允许偏差
零件宽度、长度	±1.0	加工面垂直度	$0.025\,t$，且不应大于 0.5
加工边直线度	$l/3\,000$，且不应大于 2.0	加工面表面粗糙度	
相邻两边夹角	±6′		

注：t 为构件厚度。

5. 钢构件弯曲成型

（1）弯曲分类。

①按钢构件的加工方法分类：

压弯：直角弯曲、双直角弯曲以及适宜弯曲的构件。

辊弯：适宜辊制圆筒形构件及其他弧形构件。

拉弯：将长条板材拉制成不同曲率的弧形构件。

②按构件的加热程度分类：

冷弯：常温下进行弯制加工，适用于薄板、型钢等的加工。

热弯：将钢材加热至 950～1 100 ℃，适用于厚板及较规则形状构件、型钢等的加工。

（2）弯曲加工工艺。

弯曲半径：弯曲件的圆角半径不宜过大，也不宜过小。

弯曲角度：

① 当弯曲线和材料纤维方向垂直时，材料具有较大的抗拉强度，不易发生裂纹。

② 当材料纤维方向和弯曲线平行时，材料的抗拉强度较差，容易发生裂纹，甚至断裂。

③ 在双向弯曲时，弯曲线应与材料纤维方向成一定的夹角。

④ 弯曲角度缩小时，应考虑将弯曲半径适当增大。

6. 钢构件矫正

钢构件矫正是通过外力或加热作用制造新的变形，去抵消已经发生的变形，使材料或构件平直或达到一定几何形状要求，从而符合技术准备的一种工艺方法。

其中：矫直是指消除材料或构件的弯曲；矫平是指消除材料或构件的翘曲或凹凸不平；矫形是指对构件的一定几何形状进行整形。

（1）矫正方法。

常用的矫正方法包括以下几类：

① 手工矫正：工具为人力大锤，适用于小规格型钢，如图 3-5 所示。

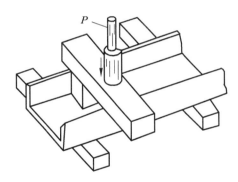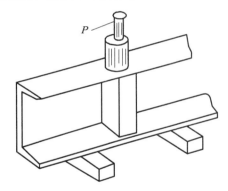

（a）大小面上下弯曲的矫正　　　　　　　（b）大小面侧向弯曲矫正

图 3-5　手工矫正

② 机械矫正：工具为矫正机，如图 3-6 所示。

图 3-6　型钢矫直机

③ 火焰矫正：利用氧气-乙炔焰进行。

④ 混合矫正：对型材、钢构件、工字梁、起重机梁、构架或结构进行局部或整体变形矫正。

（2）钢材矫正允许偏差如表 3-8 所示。

表 3-8　钢材矫正允许偏差（单位：mm）

项目		允许偏差	图例
钢板的局部 平面度	$t\leqslant14$	1.5	
	$t>14$	1.0	
型钢弯曲矢高		$l/1\,000$ 且不应大于 5.0	
角钢肢的垂直度		$b/100$ 双肢柱接角钢的角 度不得大于 90°	
槽钢翼缘对腹板的 垂直度		$b/80$	
工字钢、H 型钢翼缘对 腹板的垂直度		$b/100$ 且不大于 2.0	

3.2　部品部件生产与运输

3.2.1　一般规定

建筑部品部件生产企业应有固定的生产车间和自动化生产线设备，应有专门的生产、技术管理团队和产业工人，并应建立技术标准体系及安全、质量、环境管理体系。

建筑部品和部件应在工厂生产，生产过程及管理宜应用信息管理技术，生产工序宜形成流水作业。

建筑部品部件在生产之前，要做到以下几点：

（1）应根据设计要求和生产条件编制生产工艺方案，对构造复杂的部品或构件宜进行工艺性试验。

（2）应有经批准的构件深化设计图或产品设计图，设计深度应满足生产、运输和安装等技术要求。

建筑部品部件生产过程质量检验控制应符合下列规定：

（1）首批（件）产品加工应进行自检、互检、专检，产品经检验合格形成检验记录，方可进行批量生产。

（2）首批（件）产品检验合格后，应对产品生产加工工序，特别是重要工序控制进行巡回检验。

（3）产品生产加工完成后，应由专业检查人员根据图样资料、施工单等对生产产品按批次进行检查，做好产品检验记录。并应对检验中发现的不合格产品做好记录，同时应增加抽样检测样本数量或频次。

（4）检验人员应严格按照图样及工艺技术要求的外观质量、规格尺寸等进行出厂检验，做好各项检查记录，签署产品合格证后方可入库，无合格证产品不得入库。

建筑部品部件生产应按下列规定进行质量过程控制：

（1）凡涉及安全、功能的原材料，应按现行国家标准规定进行复验，见证取样、送样。

（2）各工序应按生产工艺要求进行质量控制，实行工序检验。

（3）相关专业工种之间应进行交接检验。

（4）隐蔽工程在封闭前应进行质量验收。

在建筑部品部件生产检验合格后，生产企业应提供出厂产品质量检验合格证。建筑部品应符合设计和国家现行有关标准的规定，并应提供执行产品标准的说明、出厂检验合格证明文件、质量保证书和使用说明书。

建筑部品部件的运输方式应根据部品部件特点、工程要求等确定。建筑部品或构件出厂时，应有部品或构件重量、重心位置、吊点位置、能否倒置等标志。

生产单位宜建立质量可追溯的信息化管理系统和编码标识系统。

3.2.2　部品部件生产

1. 结构构件生产

钢结构加工制作工艺和质量应符合现行国家标准《钢结构工程施工规范》（GB 50755—2012）和《钢结构工程施工质量验收规范》（GB 50205—2001）的规定。零件及部件加工前，应熟悉设计文件和施工详图，做好各道工序的工艺准备；并应结合加工的实际情况，编制加工工艺文件。

钢构件和装配式楼板深化设计图应根据设计图和其他有关技术文件进行编制，其内容包括设计说明、构件清单、布置图、加工详图、安装节点详图等。钢构件宜采用自动化生产线进行加工制作，减少手工作业。钢构件与墙板、内装部品的连接件宜在工厂与钢构件一起加工制作。

（1）钢构件焊接要求。

钢构件焊接宜采用自动焊接或半自动焊接，并应按评定合格的工艺进行焊接。焊缝质量应符合现行国家标准《钢结构工程施工质量验收规范》（GB 50205）和《钢结构焊接规范》（GB 50661）的规定。

《钢结构工程施工质量验收规范》（GB 50205—2001）的有关规定：

焊缝表面不得有裂纹、焊瘤等缺陷。一级、二级焊缝不得有表面气孔、夹渣、弧坑裂纹、电弧擦伤等缺陷，且一级焊缝不得有咬边、未焊满、根部收缩等缺陷。

检查数量：每批同类构件抽查 10%，且不应少于 3 件；被抽查构件中，每一类型焊缝按条数抽查 5%，且不应少于 1 条；每条检查 1 处，总抽查数不应小于 10 处。

检查方法：观察检查或使用放大镜、焊缝量规和钢尺检查，当存在疑义时，采用渗透或磁粉探伤检查。

（2）钢构件除锈要求。

钢构件除锈宜在室内进行，除锈方法及等级应符合设计要求，当设计无要求时，宜选用喷砂或抛丸除锈方法，除锈等级应不低于 Sa2.5 级。

《涂覆涂料前钢材表面处理表面 清洁度的目视评定 第 1 部分：未涂覆过的钢材表面和全面清除原有涂层后的钢材表面的锈蚀等级和处理等级》（GB/T 8923.1—2011）规定：

对喷射清理的表面处理，用字母"Sa"表示。喷射清理等级描述如表 3-9 所示。

表 3-9　喷射清理等级

Sa1 轻度的喷射清理	在不放大的情况下观察时，表面应无可见的油、脂和污物，并且没有附着不牢的氧化皮、铁锈、涂层和外来杂质
Sa2 彻底的喷射清理	在不放大的情况下观察时，表面应无可见的油、脂和污物，并且几乎没有氧化皮、铁锈、涂层和外来杂质。任何残留污染物应附着牢固
Sa2 $\frac{1}{2}$ 非常彻底的喷射清理	在不放大的情况下观察时，表面应无可见的油、脂和污物，并且没有氧化皮、铁锈、涂层和外来杂质。任何污染物的残留痕迹应仅呈现为点状或条纹状的轻微色斑
Sa3 使钢材表观洁净的喷射清理	在不放大的情况下观察时，表面应无可见的油、脂和污物，并且应无氧化皮、铁锈、涂层和外来杂质。该表面应具有均匀的金属色泽

喷射清理前，应铲除全部厚锈层。可见的油、脂和污物也应清除掉。

喷射清理后，应清除表面的浮灰和碎屑。

（3）钢构件防腐涂装要求。

钢构件防腐涂装应符合下列规定：

① 宜在室内进行防腐涂装。

② 防腐涂装应按设计文件的规定执行，当设计文件未规定时，应依据建筑不同部位对应环境要求进行防腐涂装系统设计。

③ 涂装作业应按现行国家标准《钢结构工程施工规范》（GB 50755）的规定执行。

a. 钢结构防腐涂装施工宜在构件组装和预拼装工程检验批的施工质量验收合格后进行。涂装完毕后，宜在构件上标注构件编号；大型构件应标明重量、重心位置和定位标记。

b. 防腐涂装施工前，钢材应按《钢结构工程施工规范》（GB 50755—2012）和设计文件要求进行表面处理。当设计文件未提出要求时，可根据涂料产品对钢材表面的要求，采用适当的处理方法。

必要时，钢构件宜在出厂前进行预拼装，构件预拼装可采用实体拼装或数字模拟预拼装。

2. 外围护部品生产

（1）钢结构建筑外墙的独特性能需求。

① 外墙板结构应具备高耐久性，与主体同寿命。

② 钢结构外墙板应具有良好的防火性能、隔声性能、防渗漏、热工性能。

③ 钢结构体系变形大，小震下容许层间位移角为 1/250，要求外围护体系具备高变形适应特性。

④ 钢结构住宅的优势是自重轻、基础投资小、建筑外墙轻量化，宜控制外围护体系质量低于 150 kg/m^2。

（2）外围护部品材料要求。

外围护部品应采用节能环保的材料。材料应符合现行国家标准《民用建筑工程室内环境污染控制规范》（GB 50325）和《建筑材料放射性核素限量》（GB 6566）的规定，外围护部品室内侧材料尚应满足室内建筑装饰材料有害物质限量的要求。

《民用建筑工程室内环境污染控制规范》（GB 50325—2010）的有关规定：

① 民用建筑工程所使用的砂、石、砖、砌块、水泥、混凝土、混凝土预制构件等无机非金属建筑主体材料的放射性限量，应符合表 3-10 的规定

表 3-10 无机非金属建筑主体材料的放射性限量

测定项目	限量
内照射指数 I_{Ra}	≤1.0
外照射指数 I_γ	≤1.0

② 民用建筑工程所使用的无机非金属装修材料，包括石材、建筑卫生陶瓷、石膏板、吊顶材料、无机瓷质砖黏结材料等，进行分类时，其放射性限量符合表 3-11 的规定。

表 3-11 无机非金属装修材料放射性限量

测定项目	限量	
	A	B
内照射指数 I_{Ra}	≤1.0	≤1.3
外照射指数 I_γ	≤1.3	≤1.9

③ 民用建筑工程室内用人造木板及饰面人造木板，必须测定游离甲醛含量或游离甲醛释放量。

（3）现阶段钢结构住宅典型外围护墙板体系：

① 加气混凝土外墙板（ALC 板）。

② ECP 板+保温材料+ALC 板内墙。

③ PC 复合挂板+内保温。

④ "三明治"预制混凝土外挂墙板。

⑤ 发泡水泥复合外墙板。

⑥ 复合龙骨保温体系。

⑦ 纤维水泥板轻质灌浆墙。

⑧ 汉德邦 CCA 板灌浆墙。

建筑行业墙体按材料性质统分为三大类：黏土砖、砌块类和轻质隔墙。但前两种质量大，且现场湿作业多，与钢结构不能可靠连接，所以不符合钢结构建筑的配套发展。钢结构建筑的显著特点就是施工速度快，围护体系必须适应和满足工业化的要求，轻质且便于装配。内外墙的造价约占钢结构住宅总造价的 30%，所以研发、推广新型质轻价低的墙体板材，使之形成规模效应，对工业化建造非常重要。目前市场上的 ALC（蒸压加气混凝土）板性能相对较好，符合工业化发展要求。

（4）预制外墙部品生产要求。

预制外墙部品生产时，应符合下列规定：

① 外门窗的预埋件设置应在工厂完成。

② 不同金属的接触面应避免电化学腐蚀。

③ 蒸压加气混凝土板的生产应符合现行行业标准《蒸压加气混凝土建筑应用技术规程》（JGJ/T 17）的规定。

《蒸压加气混凝土建筑应用技术规程》（JGJ/T 17—2008）的有关规定：

① 在下列情况下不得采用加气混凝土制品：

a. 建筑物防潮层以下的外墙。

b. 长期处于浸水和化学侵蚀环境。

c. 承重制品表面温度经常处于 80 ℃以上的部位。

② 加气混凝土制品用作民用建筑外墙时，应做饰面防护层。

现场组装骨架外墙的骨架、基层墙板、填充材料应在工厂完成生产。

3. 内装部品生产

（1）内装部品生产加工应包括深化设计、制造或组装、检测及验收，并应符合下列规定：

① 内装部品生产前应复核相应结构系统及外围护系统上预留洞口的位置、规格等。

② 生产厂家应对出厂部品中每个部品进行编码，并宜采用信息化技术对部品进行质量追溯。

③ 在生产时宜适度预留公差，并应进行标识，标识系统应包含部品编码、使用位置、生产规格、材质、颜色等信息。

（2）内装部品材料要求。

部品生产应使用节能环保的材料，并应符合现行国家标准《民用建筑工程室内环境污染控制规范》（GB 50325）的有关规定。

《民用建筑工程室内环境污染控制规范》（GB 50325—2010）规定：

① 民用建筑工程所使用的砂、石、砖、砌块、水泥、混凝土、混凝土预制构件等无机非金属建筑主体材料的放射性限量，应符合前述表 3.10 的规定。

② 民用建筑工程所使用的无机非金属装修材料，包括石材、建筑卫生陶瓷、石膏板、吊顶材料、无机瓷质砖黏结材料等，进行分类时，其放射性限量应符合表 3.11 的规定。

3.2.3　包装、运输与堆放

构件的顺利运输是保证工程按期完工的重要措施之一，因此需根据工程地理位置、构件规格尺寸及重量选择合适的运输方式和运输路线。同时应选择合适的包装方式，防止构件变形，避免涂层损伤。

1. 包 装

钢构件的包装和发运，应按吊装顺序配套进行。钢构件成品发运时，必须与订货单位有严格的交接手续。

部品部件出厂前应进行包装，保障部品部件在运输及堆放过程中不破损、不变形。对超高、超宽、形状特殊的大型构件的运输和堆放应制订专门的方案。

包装设计必须满足强度、刚度及尺寸要求，能保证经受多次搬运和装卸并能安全可靠地抵达目的地；同时，包装设计应当具有一定叠压强度，每个包装上应标注堆码极限。

成品包装一般采用框架捆装、裸装或箱装等几种方式：

（1）框架捆装：断面较小且细而长的钢构件可考虑框架捆装方式。被包装物必须与框架牢固固定，在杆件之间以及杆件与框架之间应设置防护措施。框架设计时，应考虑安全可靠的起吊点和设置产品标志牌的位置。

（2）裸装：对于外形较大、刚度较大、不易变形的杆件可采用裸装发运。在运输过程中杆件间应设置防护措施，裸装构件应标出中心位置和质量大小。

（3）箱装：较小面积（或体积）的拼接板、填板、高强度螺栓等单件或组焊件均可做装箱包装（图 3-7）。拼接板等有栓接面的零部件装箱时，在两层之间加铺橡胶垫，并做好箱内防水保护。装箱前应绘制装箱简图并编制装箱清单。

图 3-7　包装箱示意

2. 运 输

运输计划按使用时间要求预留提前量，以保证按计划到达指定地点，避免天气、路阻等影响交货时间。

（1）发运的制成品应经品质保证部门检验合格，符合制成品的出厂要求。

（2）制成品发运应按目的地（市内、市外、境外）及制成品的装箱情况确定运输工具及形式（铁路、公路、水路）。

（3）装车时，必须有专人监管。发货清单上必须明确项目名称、构件号、成品件数量以及吨位，以便收货单位核查。

（4）特殊制成品运输，应事先作好路线踏勘，对沿途路面、桥梁、涵洞作有效避让。

选用的运输车辆应满足部品部件的尺寸、重量等要求，装卸与运输时应符合下列规定：

① 装卸时应采取保证车体平衡的措施。

② 应采取防止构件移动、倾倒、变形等的固定措施。

③ 运输时应采取防止部品部件损坏的措施，对构件边角部或链索接触处宜设置保护衬垫。

3. 堆　放

（1）部品部件堆放要求。

部品部件堆放应符合下列规定：

① 堆放场地应平整、坚实，并按部品部件的保管技术要求采用相应的防雨、防潮、防曝晒、防污染和排水等措施。

② 构件支垫应坚实，垫块在构件下的位置宜与脱模、吊装时的起吊位置一致。

③ 重叠堆放构件时，每层构件间的垫块应上下对齐（图3-8），堆垛层数应根据构件、垫块的承载力确定，并应根据需要采取防止堆垛倾覆的措施。

图 3-8　叠合板堆放

（2）墙板运输与堆放要求。

墙板运输与堆放应符合下列规定：

① 当采用靠放架堆放或运输（图3-9）时，靠放架应具有足够的承载力和刚度，与地面倾斜角度宜大于80°；墙板宜对称放置且外饰面朝外，墙板上部宜采用木垫块隔开；运输时应固定牢固。

图 3-9　墙板运输

② 当采用插放架直立堆放或运输时，宜采取直立方式运输；插放架应有足够的承载力和刚度，并应支垫稳固。

③ 采用叠层平放的方式堆放或运输时，应采取防止产生损坏的措施。

3.3 施工与安装

3.3.1 一般规定

装配式钢结构建筑施工单位应建立完善的安全、质量、环境和职业健康管理体系。

装配式钢结构建筑工程施工前应完成施工组织设计、专项施工方案、安全专项方案、环境保护专项方案等技术文件的编制，并按规定审批论证，以规范项目管理，确保安全施工、文明施工。

施工组织设计一般包括编制依据、工程概况、资源配置、进度计划、施工总平面布置、主要施工方案、施工质量保证措施、安全保证措施及应急预案、文明施工及环境保护措施、季节性施工措施、夜间施工措施等内容，也可以根据工程项目的具体情况对施工组织设计的编制内容进行取舍。

施工单位应根据装配式钢结构建筑的特点，选样合适的施工方法，制定合理的施工顺序，并应尽量减少现场支模和脚手架用量，提高施工效率。

装配式钢结构建筑工程施工期间，使用的机具和工具必须进行定期检验，保证达到使用要求的性能和各项指标。

装配式钢结构宜采用信息化技术，对安全、质量、技术、施工进度等进行全过程的信息化协同管理。宜采用建筑信息模型（BIM）技术对结构构件、建筑部品和设备管线等进行虚拟建造。

装配式钢结构建筑应遵守国家环境保护的法规和标准，采取有效措施减少各种粉尘、废弃物、噪声等对周围环境造成的污染和危害，并应采取可靠有效的防火等安全措施。

施工单位应对装配式钢结构建筑的现场施工人员进行相应专业的培训，对进场的部品部件进行检查，合格后方可使用。

1. 构件堆放

构件进场后应根据施工组织设计规定的位置进行堆放。对大型重要构件可协调运输与吊装时间，进场后直接吊装至安装位置并进行临时连接。

钢结构安装现场应设置专门的构件堆场，并采取防止构件变形及表面污染的保护措施。构件在运输、存放和安装过程中损坏的涂层，以及安装连接部位，应按照有关规定进行补漆。

2. 吊装的一般要求

吊装前将构件清除干净，避免编号、标志、标记被污染看不清，给构件寻找、安装和对号造成困难。工件焊接完毕，常有操作人员图省事，将耳板随意用大锤击落。这是不允许的。这样吊装耳板在强烈的冲击下被撕裂脱落，断裂处会引起应力集中，产生肉眼看不见的裂纹，以后在使用荷载作用下裂纹会慢慢延伸扩展，使焊缝也出现裂纹，这对焊缝危害性很大，严重时会使连接破坏。因此，工件焊接完毕，应对引弧板和引出板用气割切除或用机械切割的方法切割下来，并沿边修磨平整，严禁用锤击落。在不影响主体结构的强度和建筑外观及使用功能的前提下，保留吊装耳板和吊装孔，可避免在除去此类措施时对结构母材造成损伤。现场焊接引入、引出板的切除处理也可参照吊装耳板的处理方式。构件吊装如图3-10所示。

图 3-10　构件吊装

3. 安装顺序的一般要求

钢结构安装中要考虑安装阶段的结构稳定性，进行相应阶段稳定性验算，并根据具体情况采取必要的结构稳定措施，制订合理的安装程序和方案，否则有可能影响结构的稳定性或导致结构产生永久变形，严重时甚至导致结构失稳倒塌。

4. 起重设备和吊具

钢结构现场运输与钢筋混凝土施工现场运输不同。对于后者，在绑扎和支模过程中，钢筋、模板等施工材料和机具可采取人工方式进行现场搬运；但钢构件由于重量重、体积大，需使用起重设备。

钢结构安装宜采用塔式起重机、履带吊、汽车吊等定型产品。选用非定型产品作起重设备时，应编制专项方案，并应经评审后再组织实施。

起重设备应根据起重设备性能、结构特点、现场环境、作业效率等因素综合确定。起重设备需要附着或支承在结构上时，应得到设计单位的同意，并应进行结构安全验算。钢结构吊装作业必须在起重设备的额定起重量范围内进行。

钢结构装不宜采用抬吊。当构件重量超过单台起重设备的额定起重量范围时，构件可采用抬吊的方式吊装。

起重设备和吊具是钢结构工程施工中必不可少的工程设备，其选择的正确与否直接影响施工速度、质量、成本和安全，因此应尤为慎重。

（1）选择依据。

① 构件最大重量、数量、外形尺寸、结构特点、安装高度、吊装方法等。

② 各类型构件的吊装要求、施工现场条件。

③ 吊装机械的技术性能。

④吊装工程量的大小、工程进度等。

⑤现有或租赁起重设备的情况。

⑥施工力量和技术水平。

⑦构件吊装的安全和质量要求及经济合理性。

（2）选择原则。

①应考虑起重机的性能满足使用方便、吊装效率、吊装工程量和工期等要求。

②能适应现场道路、吊装平面布置和设备、机具等条件，能充分发挥其技术性能。

③能保证吊装工程量、施工安全和一定的经济效益。

④避免使用起重能力大的起重机吊小构件。

（3）起重机类型的选择。

①一般吊装多按履带式、轮胎式、汽车式、塔式的顺序选用。对高度不大的中小型厂房优先选择起重量大、全回转、移动方便的 100～150 kN 履带式起重机或轮胎式起重机（图 3-11）吊装主体；对大型工业厂房，主体结构高度较高、跨度较大、构件较重，宜选用 500～750 kN 履带式起重机或 350～1 000 kN 汽车式起重机；对重型工业厂房，主体结构高度高、跨度大，宜选用塔式起重机吊装。

图 3-11　轮胎式起重机

②对厂房大型构件，可选用重型塔式起重机吊装。

③当缺乏起重设备或吊装工作量不大、厂房不高时，可选用各种拔杆进行吊装。回转式拔杆较适用于单层钢结构厂房的综合吊装。

④当厂房位于狭窄的地段，或厂房采用敞开式施工方案（厂房内设备基础先施工）时，宜采用双机抬吊吊装屋面结构或选用单机在设备基础上铺设枕木垫道吊装。

⑤当起重机的起重量不能满足要求时，可以采取增加支腿或增长支腿、后移或增加配重、增设拉绳等措施来提高起重能力。

3.3.2　结构系统施工安装

钢结构应根据结构特点选择合理的顺序进行安装，并应形成稳定的空间单元，必要时应增加临时支撑或临时措施。

合理顺序需考虑到平面运输、结构体系转换、测量校正、精度调整及系统构成等因素。安装阶段的结构稳定性对保证施工安全和安装精度非常重要，构件在安装就位后，应利用其他相邻构件或采用临时措施进行固定。临时支撑或临时措施应能承受结构自重、施工荷载、风荷载、雪荷载、吊装产生的冲击荷载等荷载的作用，并且不使结构产生永久变形。

高层钢结构安装时，随着楼层升高，结构承受的荷载将不断增加，这会使已安装完成的竖向结构产生竖向压缩变形，同时也会使局部构件（如伸臂桁架杆件）产生附加应力和弯矩。在编制安装方案时，应根据设计文件的要求，并结合结构特点以及竖向变形对结构的影响程度，考虑是否需要采取预调安装标高、设置后连接构件固定等措施。

钢结构施工期间，应对结构变形、环境变化（如温差、日照、风荷载等外界环境因素对结构的影响）等进行过程监测，监测方法、内容及部位应根据设计或结构特点确定。

钢结构现场焊接工艺和质量应符合现行国家标准《钢结构焊接规范》（GB 50661—2011）和《钢结构工程施工质量验收规范》（GB 50205—2001）的规定。

《钢结构焊接规范》（GB 50661—2011）规定：

除符合该规范第 6.6 节规定的免予评定条件外，施工单位首次采用的钢材、焊接材料、焊接方法、接头形式、焊接位置、焊后热处理制度以及焊接工艺参数、预热和后热措施等各种参数的组合条件，应在钢结构构件制作及安装施工之前进行焊接工艺评定。

钢结构紧固件连接工艺和质量应满足：

（1）构件的紧固件连接节点和拼接接头，应在检验合格后进行紧固施工。

（2）经验收合格的紧固件连接节点与拼接接头，应按设计文件的规定及时进行防腐和防火涂装。接触腐蚀性介质的接头应用防腐腻子等材料封闭。

钢结构现场涂装应符合下列规定：

（1）构件在运输、安装过程中产生涂层碰损、焊接烧伤等的，应根据原涂装规定进行补漆；表面涂有工程底漆的构件，因焊接、火焰矫正、曝晒和擦伤等造成重新锈蚀或附有白锌盐时，应经表面处理后再按原涂装规定进行补漆。

（2）构件表面的涂装系统应相互兼容。兼容性是指表面防腐油漆的底层漆、中间漆和面层漆之间的搭配相互兼容，一级防腐油漆与防火涂料相互兼容，以保证涂装系统的质量。整个涂装体系的产品应尽量来自同一厂家，以保证涂装质量的可追溯性。

（3）防火涂料应符合国家现行有关标准的规定。

（4）现场防腐和防火涂装应符合国家现行有关标准的规定：

① 油漆防腐涂装可采用涂刷法、手工滚涂法、空气喷涂法和高压无气喷涂法。

② 钢结构涂装时的环境温度和相对湿度，除应符合涂料产品说明书的要求外，还应符合下列规定：

a. 当产品说明书对涂装环境温度和相对湿度未作规定时，环境温度宜为 5 ~ 38 ℃，相对湿度不应大于 85%，钢材表面温度应高于露点温度 3 ℃，且钢材表面温度不应超过 40 ℃。

b. 被施工物体表面不得有凝露。

c. 遇雨、雾、雪、强风天气时应停止露天涂装，应避免在强烈阳光照射下施工。

d. 涂装后 4 h 内应采取保护措施，避免淋雨和沙尘侵袭。

e. 风力超过 5 级时，室外不宜进行喷涂作业。

③涂料调制应搅拌均匀，应随拌随用，不得随意添加稀释剂。

④防火涂料施工可采用喷涂、抹涂或滚涂等方法。

⑤防火涂料涂装施工应分层施工，应在上层涂层干燥或固化后，再进行下道涂层施工。

压型钢板组合楼板和钢筋桁架楼承板组合楼板的施工应满足如下规定：

（1）压型钢板、钢筋桁架板制作、安装时，不得用火焰切割。

（2）钢-混凝土组合楼板宜按楼层或变形缝划分为一个或若干个施工段进行施工和验收。

（3）压型钢板或钢筋桁架组合楼板的施工工艺流程应为：压型钢板或钢筋桁架加工制作→压型钢板或钢筋桁架板安装→栓钉焊接→钢筋绑扎→混凝土浇筑→混凝土养护。

混凝土叠合板施工应符合下列规定：

（1）应根据设计要求或施工方案设置临时支撑。

（2）施工荷载应均匀布置，且不超过设计规定。

（3）端部的搁置长度应符合设计或国家现行有关标准的规定。

（4）叠合层混凝土浇筑前，应按设计要求检查结合面的粗糙度及外露钢筋。

预制混凝土楼梯的安装的要求：

（1）预制楼梯安装（图 3-12）前应复核楼梯的控制线及标高，并做好标识。

图 3-12　预制楼梯

（2）预制楼梯支撑应有足够的强度、刚度及稳定性，楼梯就位后调节支撑立杆，确保所有的立杆全部受力。

（3）预制楼梯吊装应保证上下高差相符，顶面和底面平行，便于安装。

（4）预制楼梯安装位置准确，当采用预留锚固钢筋方式安装时，应先放置预制楼梯，再与现浇梁或板浇筑连接成整体，并保证预埋钢筋锚固长度和定位符合设计要求。当预制楼梯与现浇梁或板之间采用预埋件焊接或螺栓杆连接方式时，应先施工现浇梁或板，再搁置预制楼梯进行焊接或螺栓孔灌浆连接。

钢结构工程测量应符合下列规定：

（1）钢结构安装前应设置施工控制网；施工测量前，应根据设计图和安装方案，编制测量专项方案。

（2）施工阶段的测量应包括平面控制、高程控制和细部测量。

3.3.3 外围护部品安装

外围护部品安装宜与主体结构同步进行，但应采取可靠防护措施，避免施工过程中损坏已安装墙体及保证作业人员安全。可在安装部位的主体结构验收合格后进行。

1. 安装前的准备工作应符合的规定

（1）对所有进场部品、零配件及辅助材料应按设计规定的品种、规格、尺寸和外观要求进行检查，并应有合格证和性能检测报告。

（2）应进行技术交底。

（3）应将部品连接面清理干净，并对预埋件和连接件进行清理和防护。

（4）应按部品排板图进行测量放线。

2. 预制外墙板（图 3-13）安装应符合的规定

（1）墙板应设置临时固定和调整装置。

（2）墙板应在轴线、标高和垂直度调校合格后方可永久固定。

（3）当条板采用双层墙板安装时，内、外层墙板的拼缝宜错开。

（4）蒸压加气混凝土板施工应符合现行行业标准《蒸压加气混凝土建筑应用技术规程》（JGJ/T 17）的规定。

图 3-13　预制外墙板

3. 现场组合骨架外墙安装应符合的规定

（1）竖向龙骨安装应平直，不得扭曲，间距应符合设计要求。

（2）空腔内的保温材料应连续、密实，并应在隐蔽验收合格后方可进行面板安装。

（3）面板安装方向及拼缝位置应符合设计要求，内外侧接缝不宜在同一根竖向龙骨上。

（4）木骨架组合墙体施工应符合现行国家标准《木骨架组合墙体技术规范》（GB/T 50361）的规定。

《木骨架组合墙体技术规范》（GB/T 50361—2018）规定：

（1）墙面板的安装固定应符合下列要求：

① 经切割过的纸面石膏板的直角边，安装前应将切割边倒角 45°，倒角深度应为板厚的 1/3。

② 安装完成后，墙体表面的平整度偏差应小于 3 mm。纸面石膏板的表面纸层不应破损，螺钉头不应穿入纸层。

③ 外墙面板在存放和施工中严禁与水接触或受潮。

（2）墙面板连接缝的密封、钉头覆盖的施工应符合下列要求：

① 墙面板连接缝的密封、钉头的覆盖应用石膏粉密封膏或弹性密封膏填严、填满，并抹平打光。

② 墙体与建筑物四周构件连接缝的密封应用密封剂连续、均匀地填满连接并抹平打光。

（3）外墙体局部防渗、防潮保护应符合下列要求：

① 外墙体顶端与建物构件之间覆盖一层塑料薄膜，当外墙体施工完毕后，剪去多余的塑料薄膜。

② 外墙开窗时，窗台表面应覆盖一层塑料薄膜。

（4）木骨架组合墙体工厂预制与现场安装应符合下列要求：

① 当用销钉固定时，应按设计要求在混凝土楼板或梁上预留孔洞。预留孔位置偏差不应大于 10 mm。

② 当用自钻自攻螺钉或膨胀螺钉固定时，墙体按设计要求定位后，应对木骨架边框与主体结构构件一起钻孔，再进行固定。

③ 预制墙体在吊运过程中，应避免碰坏墙体的边角、墙面或震裂墙面板，应保证每面墙体完好无损。

4. 幕墙施工应符合的规定

《玻璃幕墙工程技术规范》（JGJ 102—2003）规定：

（1）进场安装的玻璃幕墙构件及附件的材料品种、规格、色泽和性能，应符合设计要求。

（2）幕墙安装过程中，构件存放、搬运、吊装时不应碰撞和损坏；半成品应及时保护；对型材保护膜应采取保护措施。

《金属与石材幕墙工程技术规范》（JGJ 133—2001）规定：

（1）金属与石材幕墙的构件和附件的材料品种、规格、色泽和性能应符合设计要求。

（2）金属与石材幕墙的安装施工应编制施工组织设计，其中应包括以下内容：

① 工程进度计划。

② 搬运、起重方法。

③ 测量方法。

④ 安装方法。

⑤ 安装顺序。

⑥ 检查验收。

⑦ 安全措施。

《人造板材幕墙工程技术规范》（JGJ 336—2016）规定：

（1）进场的幕墙构件及附件的材料品种、规格、色泽和性能，应符合设计要求。幕墙构件安装前应进行检验。不合格的构件不得安装使用。

（2）幕墙的安装施工应单独编制施工组织设计，应包括下列内容：

① 工程概况、质量目标。

② 编制目的、编制依据。

③ 施工部署、施工进度计划及控制保证措施。

④ 项目管理组织机构及有关的职责和制度。

⑤ 材料供应计划、设备进场计划。

⑥ 劳动力调配计划及劳保措施。

⑦ 与业主、总包、监理单位以及其他工种的协调配合方案。

⑧ 材料供应计划及搬运、吊装方法及材料现场储存方案。

⑨ 测量放线方法及注意事项。

⑩ 构件、组件加工计划及其加工工艺。

⑪ 施工工艺、安装方法及允许偏差要求；重点、难点部位的安装方法和质量控制措施。

⑫ 项目中采用新材料、新工艺时，应进行论证和编制制作样板的计划。

⑬ 安装顺序及嵌缝收口要求。

⑭ 成品、半成品保护措施。

⑮ 质量要求、幕墙物理性能检测及工程验收计划。

⑯ 季节施工措施。

⑰ 幕墙施工脚手架的验收、改造和拆除方案或施工吊篮的验收、搭设和拆除方案。

⑱ 文明施工和安全技术措施。

⑲ 施工平面布置图。

5. 门窗安装应符合的规定

（1）铝合金门窗安装流程：划线定位→铝合金门窗披水安装→防腐处理→铝合金门窗的安装就位→铝合金窗固定→门窗框与墙体间隙的处理→门窗扇及门窗玻璃的安装→安装五金配件。

铝合金门窗安装应符合下列规定：

① 铝合金门窗工程不得采用边砌口边安装或先安装后砌口的施工方法。

② 铝合金门窗安装宜采用干法施工方式。

③ 铝合金门窗的安装施工宜在室内侧或洞口内进行。

④ 门窗应启闭灵活、无卡滞。

（2）塑料门窗安装流程：弹线→门窗框上安连接件→立门窗框并矫正→门窗框固定→填嵌密封→安装门窗扇→五金配件安装→清理。

塑料门窗安装应符合下列规定：

① 推拉门扇必须有防脱落装置。

② 安装滑撑时，紧固螺钉必须使用不锈钢材质，并应与框扇增强型钢或内衬局部加强钢板可靠连接。螺钉与框扇连接处应进行防水密封处理。

3.3.4 设备与管线安装

1. 装配式钢结构建筑的设备与管线设计要求

（1）装配式钢结构建筑的设备与管线宜采用集成化技术，标准化设计，当采用集成化新技术、新产品时应有可靠依据。

（2）各类设备与管线应综合设计、减少平面交叉，合理利用空间。

（3）设备与管线应合理选型、准确定位。

（4）设备与管线宜在架空层或吊顶内设置。

（5）设备与管线安装应满足结构专业相关要求，不应在预制构件安装后凿剔沟槽、开孔、开洞等。

（6）公共管线、阀门、检修配件、计量仪表、电表箱、配电箱、智能化配线箱等应设置在公共区域。

（7）设备与管线穿越楼板和墙体时，应采取防水、防火、隔声、密封等措施，防火封堵应符合现行国家标准《建筑设计防火规范》（GB 50016）的规定。

（8）设备与管线的抗震设计应符合现行国家标准《建筑机电工程抗震设计规范》（GB 50981）的有关规定。

2. 给水排水设计要求

（1）冲厕宜采用非传统水源，水质应符合现行国家标准《城市污水再生利用 城市杂用水水质》（GB/T 18920）的规定。

（2）集成式厨房、卫生间应预留相应的给水、热水、排水管道接口，给水系统配水管道接口的形式和位置应便于检修。

（3）给水分水器与用水器具的管道应一对一连接，管道中间不得有连接配件；宜采用装配式的管线及其配件连接；给水分水器位置应便于检修。

（4）敷设在吊顶或楼地面架空层内的给水排水设备管线应采取防腐蚀、隔声减噪和防结露等措施。

（5）当建筑配置太阳能热水系统时，集热器、储水罐等的布置应与主体结构、外围护系统、内装系统相协调，做好预留预埋。

（6）排水管道宜采用同层排水技术。

（7）应选用耐腐蚀、使用寿命长、降噪性能好、便于安装及更换、连接可靠、密封性能好的管材、管件以及阀门设备。

3. 建筑供暖、通风、空调及燃气设计要求

（1）室内供暖系统采用低温地板辐射供暖时，宜采用干法施工。

（2）室内供暖系统采用散热器供暖时，安装散热器的墙板构件应采取加强措施。

（3）采用集成式卫生间或采用同层排水架空地板时，不宜采用地板辐射供暖系统。

（4）冷热水管道固定于梁柱等钢构件上时，应采用绝热支架。

（5）供暖、通风、空气调节及防排烟系统的设备及管道系统宜结合建筑方案整体设计，并预留接口位置；设备基础和构件应连接牢固，并按设备技术文件的要求预留地脚螺栓孔洞。

（6）供暖、通风和空气调节设备均应选用节能型产品。

（7）燃气系统管线设计应符合现行国家标准《城镇燃气设计规范》（GB 50028）的规定。

4. 电气和智能化设计要求

（1）电气和智能化的设备与管线宜采用管线分离的方式。

（2）电气和智能化系统的竖向主干线应在公共区域的电气竖井内设置。

（3）当大型灯具、桥架、母线、配电设备等安装在预制构件上时，应采用预留预埋件固定。

（4）设置在预制部（构）件上的出线口、接线盒等的孔洞均应准确定位。隔墙两侧的电气和智能化设备不应直接连通设置。

（5）防雷引下线和共用接地装置应充分利用钢结构自身作为防雷接地装置。构件连接部位应有永久性明显标记，其预留防雷装置的端头应可靠连接。

（6）钢结构基础应作为自然接地体，当接地电阻不满足要求时，应设人工接地体。

（7）接地端子应与建筑物本身的钢结构金属物连接。

5. 隐蔽工程验收要求

钢结构建筑中建筑设备的各种管道、风机、电缆等施工安装后必须进行隐检及验收工作。

钢结构建筑中的给排水、暖通专业安装特点主要是设备管线与主体结构的分离，同层排水及成套卫浴、厨房使用较多，但器具、管道安装的工艺方法和技术质量要求与普通建筑基本相同，施工质量、工序交接、过程检查验收、隐蔽验收及检验批、分项、分部工程的划分和验收应符合国家现行的有关标准和规范要求。

钢结构建筑即使在钢结构构件安装完成后，尚有后浇混凝土的工作，如叠合楼板的现浇层、现浇式一体化成型墙体的现浇层、构件连接部位、预留的管道连接空间等等。故要求在施工浇筑前，做好隐蔽工程的验收工作。

在有防腐防火保护层的钢结构上安装管道或设备支（吊）架时，宜采用非焊接方式固定；采用焊接时应对被损坏的防腐防火保护层进行修补。

6. 构件制作和检验

（1）构件的制作。

穿越预制构件的电气管线、线槽均应预留孔、洞，严禁剔凿。预制构件预埋时应按设计要求标高预留过墙孔洞，在加工预制梁或预制隔板时，预留孔应在预制梁或预制板材的上方，吊顶敷设，保护套管应按设计要求选材。预制构件在工厂加工制作时，应遵守结构设计模数，将各专业、各工种所需的预留孔洞、预埋件等一并完成，避免在施工现场进行剔凿、切割，伤及预制构件，影响质量及观感。构件在工厂加工制作时，应根据预制构件的加工图纸，准确预埋接盒、管线等设备，并预留沟、槽、孔、洞的位置。预制构件上为设备及其管线敷设预留的孔洞、套管、坑槽应选择在对构件受力影响最小的部位。

预制构件时应注意避雷引下线的预留预埋，在预制柱体下侧应预埋不少于两处规格为 100 mm×150 mm，厚度应不低于为 8 mm 的钢板，钢板与主体内的竖向主体筋焊接，其钢板与下侧穿梁钢筋紧密焊接，焊接倍数必须达到要求。

（2）构件的检验。

预制构件尺寸允许偏差及检验方法如表 3-12 所示。

表 3-12　预制构件尺寸允许偏差及检验方法

项目		允许偏差/mm	检验方法
预留孔	中心线位置	5	尺寸测量
	孔尺寸	±5	
预留洞	中心线位置	10	尺寸测量
	洞口尺寸、深度	±10	
预埋件	线管、电盒在构件平面的中心线偏差	20	尺寸测量
	线管、电盒与构件表面混凝土高差	0，−10	

注：检查中心线、孔道位置偏差时，应沿纵横两个方向测，并取其中偏差较大值。

预制构件外观质量缺陷可分为一般缺陷和严重缺陷两类。预制构件的严重缺陷主要是指影响构件的结构性能或安装使用功能的缺陷，构件制作时应制定质量保证措施予以避免。

表中给出了预制构件上预留预埋的预埋件、孔、洞等的偏差尺寸和检验方法。构件在安装前应按照要求进行检验。

3.3.5　内部部品安装

内装系统设计应满足内装部品的连接、检修更换、物权归属和设备及管线使用年限的要求。内装系统设计宜采用管线分离的方式。

1. 内装部品施工前准备工作

内装部品施工前，应做好下列准备工作：

（1）安装前应进行设计交底。

（2）应对进场部品进行检查，其品种、规格、性能应满足设计要求和符合国家现行标准的有关规定。主要部品应提供产品合格证书或性能检测报告。

（3）在全面施工前应先施工样板间，样板间应经设计、建设及监理单位确认。

2. 钢梁、柱的防火板包覆施工要求

（1）支撑件应固定牢固，防火板安装应牢固稳定、封闭良好。

（2）防火板表面应洁净平整。

（3）分层包覆时，应分层固定，相互压缝。

（4）防火板接缝应严密、顺直，边缘整齐。

（5）采用复合防火保护时，填充的防火材料应为不燃材料，且不得有空鼓、外露。

3. 装配式隔墙部品安装要求

龙骨隔墙系统安装应符合下列规定：

（1）龙骨骨架与主体结构连接应采用柔性连接，并应竖直、平整、位置准确，龙骨的间距应符合设计要求。

（2）面板安装前，隔墙内管线、填充材料应进行隐蔽工程验收。

（3）面板拼缝应错缝设置，当采用双层面板安装时，上下层板的接缝应错开。

4. 装配式吊顶部品设计与安装要求

装配式吊顶（图3-14）设计宜采用装配式部品，并应符合下列规定：

（1）当采用压型钢板组合楼板或钢筋桁架楼承板组合楼板时，应设置吊顶。

（2）当采用开口型压型钢板组合楼板或带肋混凝土楼盖时，宜利用楼板底部肋侧空间进行管线布置，并设置吊顶。

（3）厨房、卫生间的吊顶在管线集中部位应设有检修口。

图3-14　装配式吊顶

装配式吊顶部品安装符合下列规定：

（1）吊顶龙骨与主体结构应固定牢靠。

（2）超过3 kg的灯具、电扇及其他设备应设置独立吊挂结构。

（3）饰面板安装前应完成吊顶内管道管线施工，并应经隐蔽验收合格。

5. 装配式楼地面设计与安装要求

装配式楼地面设计宜采用装配式部品，并应符合下列规定：

（1）架空地板系统的架空层内宜敷设给水排水和供暖等管道。

（2）架空地板高度应根据管线的管径、长度、坡度以及管线交叉情况进行计算，并宜采取减振措施。

（3）当楼地面系统架空层内敷设管线时，应设置检修口。

架空地板部品安装应符合下列要求：

（1）安装前应完成架空层内管线敷设，并应经隐蔽验收合格。

（2）当采用地板敷设供暖系统时，应对地暖加热管进行水压试验并在隐蔽验收合格后铺设面层。

6. 集成式厨房设计与安装要求

集成式厨房（图3-15）应符合下列规定：

（1）应满足厨房设备设施点位预留的要求。

（2）给水排水、燃气管道等应集中设置、合理定位，并应设置管道检修口。

（3）宜采用排油烟管道同层直排的方式。

集成式厨房（图3-15）部品安装应符合下列规定：

（1）橱柜安装应牢固，地脚调整应从地面水平最高点或从转角向两侧调整。

（2）采用油烟同层直排设备时，风帽应安装牢固，与外墙之间的缝隙应密封。

图 3-15　集成式厨房

7. 集成式卫生间设计要求

集成式卫生间（图3-16）的设计应符合下列规定：

（1）宜采用干湿区分离的布置方式，并应满足设备设施点位预留的要求。

（2）应满足同层排水的要求，给水排水、通风和电气等管线的连接均应在设计预留的空间内安装完成，并应设置检修口。

（3）当采用防水底盘时，防水底盘与墙板之间应有可靠的连接设计。

集成式卫生间部品安装前应先进行地面基层和墙面防水处理，并做闭水试验。

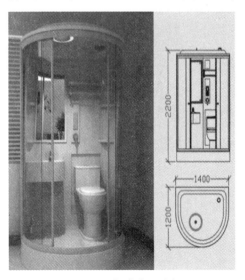

图 3-16　集成式卫生间

3.4 涂 装

3.4.1 防腐涂装

钢结构防腐涂装的目的是通过涂层的保护作用防止钢结构腐蚀，延长其使用寿命。

1. 涂装方法的选择

钢结构在施工过程中要根据现场的施工条件及施工方案等内容合理地选择涂装的施工方法。合理地选择施工方法对涂装质量、进度，节约材料和降低成本有着很大的作用。常用涂装方法有滚涂法、刷涂法、空气喷涂法、浸涂法。

（1）滚涂法。

滚涂法（图 3-17）是用羊毛或合成纤维做成多孔吸附材料，贴附在空心的圆筒上制成滚子，进行涂料施工的一种方法。滚涂法主要用于水性漆、油性漆、酚醛漆和醇酸漆类的涂装。该法的优势是施工用具简单，操作方便，施工效率比刷涂法高 1~2 倍。其操作要点如下：

① 涂料应倒入装有滚涂板的容器内，将滚子的一半浸入涂料，然后提起，在滚涂板上来回滚涂几次，使滚子全部均匀浸透涂料，并把多余的涂料滚压掉。

② 把滚子按 W 形轻轻滚动，将涂料大致地涂布于被涂构件上，然后滚子上下密集滚动，将涂料均匀地分布开，最后使滚子按一定的方向滚平表面并修饰。

③ 滚动时，初始用力要轻，以防流淌，随后逐渐用力，使涂层均匀。

④ 滚子用后，应尽量挤压掉残存的涂料，或使用涂料稀释剂清洗干净，晾干后保存好。以备后用。

（2）刷涂法。

刷涂法（图 3-18）是用漆刷进行涂装施工的一种方法。

图 3-17 滚涂法防腐施工   图 3-18 刷涂法防腐施工

刷涂法防腐施工操作要点如下：

① 使用漆刷时，通常采用直握法，用手将漆刷握紧，以腕力进行操作。

② 涂漆时，漆刷应蘸少许的涂料，浸入漆的部分应为毛长的 1/3~1/2。蘸漆后，要将漆刷在漆桶内的边上轻抹一下，除去多余的漆料，以防流淌或滴落。

③ 对干燥较慢的涂料，应按涂覆、抹平和修饰三道工序进行操作。

a. 涂覆就是将涂料大致地涂布在被涂物的表面上，使涂料分开。

b. 抹平就是用漆刷将涂料纵、横反复地抹平至均匀。

c. 修饰就是用漆刷按一定方向轻轻地涂刷，消除刷痕及堆积现象。在进行涂覆和抹平时，应尽量使漆刷垂直，用漆刷的腹部刷涂。在进行修饰时，则应将漆刷放平些，用漆刷的前端轻轻地涂刷。

④ 刷涂的顺序：一般应按自上而下、从左到右、先里后外、先斜后直、先难后易的原则，最后用漆刷轻轻地涂抹边缘和棱角，使漆膜致密、均匀、光亮和平滑。

⑤ 刷涂的走向：刷涂垂直表面时，最后一道应由上向下进行；刷涂水平表面时，最后一道应按光线照射的方向进行；刷涂木材表面时，最后一道应顺着木材的纹路进行。

（3）空气喷涂法。

空气喷涂法（图 3-19）是利用压缩空气的气流将涂料带入喷枪，经喷嘴吹散成雾状，并喷涂到被涂物表面上的一种涂装方法。

图 3-19 空气喷涂法防腐施工

空气喷涂法防腐施工操作要点如下：

① 进行喷涂时，必须将空气压力、喷出量和喷雾幅度等参数调整到适当程度，以保证喷涂质量。

② 喷涂距离控制：喷涂距离过大，油漆易散落，造成漆膜过薄而无光；喷涂距离过近，漆膜易产生流淌和橘皮现象。喷涂距离应根据喷涂压力和喷嘴大小来确定，一般使用大口径喷枪的喷涂距离为 20～300 mm，使用小口径喷枪的喷涂距离为 150～250 mm。

③ 喷涂时，喷枪的运行速度应控制在 30～600 cm/s 范围内，并应运行稳定。喷枪应垂直于被涂物表面。如喷枪角度倾斜，漆膜易产生条纹和斑痕。

④ 喷涂时，喷幅搭接的宽度，一般为有效喷雾幅度的 1/4～1/3，并保持一致。

⑤ 喷枪使用完后，应立即用溶剂清洗干净。枪体、喷嘴和空气帽应用毛刷清洗。气孔和喷漆孔遇有堵塞，应用木签疏通，不准用金属丝或铁钉疏通，以防损伤喷嘴孔。

（4）浸涂法。

浸涂法也就是将被涂物放入漆槽中浸渍，经一定时间取出后吊起，让多余的涂料尽量滴净，并自然晾干或烘干。它适用于形状复杂、骨架状的被涂物。其优点是可使被涂物的里外同时得到涂装。

浸涂法防腐施工操作要点如下：

① 浸涂法主要适用于烘烤型涂料的涂装，以及自干型涂料的涂装，通常不适用于挥发型快干涂料。采用此法时，涂料应具备下述性能：在低黏度时，颜料应不沉淀；在浸涂槽中和物件吊起后的干燥过程中不结皮；在槽中长期储存和使用过程中，应不变质、性能稳定、不产生胶化。

② 浸涂槽敞口面应尽可能小些，以减少稀料挥发和加盖方便。

③ 在浸涂厂房内应装置排风设备，及时将挥发的溶剂排放出去，以保证人身健康和避免火灾。

④ 鉴于涂料的黏度对浸涂漆膜质量有影响，在施工过程中，应保持涂料黏度的稳定性，每班应测定 1～2 次黏度，如果黏度增高，应及时加入稀释剂调黏度。

2. 结构防腐涂装的施工

结构防腐涂装的施工流程如下：

涂料预处理→刷防锈漆→ 局部刮腻子→涂刷操作→喷涂操作→二次涂装。

（1）涂料预处理。

根据施工方案或施工组织设计选定涂料后，在施涂前，一般都要对涂料进行处理。其具体操作步骤及内容见表 3-13 所示。

表 3-13　涂料预处理步骤及内容

步骤	内容
开桶	开桶前应将桶外的灰尘、杂物清理干净，以免其混入油漆桶内。同时对涂料的名称、型号和颜色进行检查，检查其是否与设计规定或选用要求相符合，检查制造日期是否超过储存期，凡不符合上述要求的应另行研究处理。若发现有结皮现象，应将漆皮全部取出，以免影响涂装质量
搅拌	桶内的油漆和沉淀物全部搅拌均匀后才可使用
配比	双组分的涂料使用前必须严格按照说明书所规定的比例混合。双组分涂料只要配比混合后，就必须在规定的时间内用完，超过时间的不得使用
熟化	双组分涂料混合搅拌均匀后，需要经过一定熟化时间才能使用，为保证漆膜的性能，对此要特别注意
稀释	有的涂料因施工方法、储存条件、作业环境、气温的高低等不同情况的影响，在使用时，有时需用稀释剂来调整黏度
过滤	过滤是将涂料中可能产生的或混入的固体粒、漆皮或其他杂物滤掉，以免这些杂物堵塞喷嘴及影响漆膜的性能及外观。一般可以使用 80～120 目的金属网或尼龙丝筛进行过滤，以保证喷漆的质量

（2）刷防锈漆。

刷防锈漆一般应在金属结构表面清理完毕后就施工，否则金属表面又会再次因氧化生锈。

可按设计要求将防锈漆在金属结构上满刷一遍。如原来已刷过防锈漆，应检查其有无损坏及有无锈斑。凡有损坏及锈斑处，都应将原防锈漆层铲除，用钢丝刷和砂布彻底打磨干净后，再补刷一遍防锈漆。

底漆一般均为自然干燥，使用环氧底漆时也可进行烘烤，质量比自然干燥要好。

（3）局部刮腻子。

待防锈漆干透后，将金属面的砂眼、缺棱、凹坑等处用石膏腻子刮抹平整。石膏配合比为：石膏粉∶熟桐油∶油性腻子∶底漆∶水＝20∶5∶10∶7∶45。

一般第一道腻子较厚，因此在拌和时应酌量减少油分，增加石膏粉用量，可一次刮成，不用管光滑与否。第二道腻子需要平滑光洁，因而在拌和时可增加油分，腻子调得薄些。

刮涂腻子时，可先用橡胶刮或钢刮刀将局部凹陷处填平。待腻子干燥后应加以砂磨，并抹除表面灰尘，然后再涂刷一层底漆，接着再上一层腻子。刮腻子的层数应根据金属结构的不同情况而定。金属结构表面一般可刮 2～3 道。

每刮完一道腻子待干后要进行砂磨，头道腻子比较粗糙，可用粗铁砂布垫木块砂磨；第二道腻子可用细铁砂布或 240 号水砂纸砂磨；最后两道腻子可用 400 号水砂纸仔细地打磨光滑。

（4）涂刷操作。

涂刷必须按设计和规定的层数进行。涂刷的主要目的是保护金属结构的表面经久耐用，所以必须保证涂刷层数及厚度，这样才能消除涂层中的孔隙，以抵抗外来的侵蚀，达到防腐和保养的目的。

（5）喷涂操作。

喷漆施工时，应先喷头道底漆，黏度控制在（20～30）×10^{-4} m^2/s，气压为 0.4～0.5 MPa，喷枪距物面 20～30 cm。喷嘴直径以 0.25～0.3 cm 为宜。先喷次要面，后喷主要面。

喷漆施工时，应注意以下事项：

① 在喷大型工件时可用电动喷漆枪或静电喷漆。

② 在喷漆施工时应注意通风、防潮、防火。工作环境及喷漆工具应保持清洁，气泵压力应控制在 0.6 MPa 以内，并应检查安全阀是否好用。

③ 使用氨基醇酸烘漆时要进行烘烤，工件在工作室内喷好后应先放在室温中流平 15～30 min，然后再放入烘箱。先用低温 60 ℃ 烘烤半小时后，再按烘漆预定的烘烤温度（一般在 120 ℃ 左右）进行恒温烘烤 1.5 h，最后降温至工件干燥后出箱。

凡用于喷漆的一切油漆，使用时必掺加相应的稀释剂或相应的稀料，掺量以能顺利喷出雾状为宜（一般为漆重的 1 倍左右），并通过 0.125 mm 孔径筛清除杂质。

干后用快干腻子将缺陷及细眼找补填平；腻子干透后，用水砂纸将刮过腻子的部分和涂层全部打磨一遍，擦净灰迹，待干后再喷面漆，黏度控制在（18～22）×10^{-4} m^2/s。

（6）二次涂装。

作业分工在两地或分两次进行施工的涂装称为二次涂装。但前道漆涂完后，超过 1 个月以上再涂下一道漆，也应算作二次涂装。其主要内容如下：

① 表面处理。对于海运产生的盐分，陆运或存放过程中产生的灰尘，都要清理干净后，方可涂下道漆。如果涂漆间隔时间过长，前道漆膜可能因老化而粉化（特别是环氧树脂漆类），这时要求对表面进行"打毛"处理，使表面干净并且增加粗糙度，从而达到提高附着力的目的。

② 修补。修补所用的涂料品种、涂层层次和厚度、涂层颜色应与原设计要求一致，表面处理可采用手工机械除锈方法，但要防止油脂及灰尘的污染。为保证搭接处的平整和附着牢固，在修补部位与不修补部位的边缘处，应有过渡段。对补涂部位的要求也应与上述相同。

（7）结构防腐涂装施工注意事项。

① 表面涂有工厂底漆的构件，因焊接、火焰校正、曝晒和擦伤等造成重新锈蚀或附有白

锌盐时，应经表面处理后再按原涂装规定进行补漆。

②运输、安装过程中如有涂层碰损、焊接烧伤等，应根据原涂装规定进行补涂。

（8）金属热喷涂施工注意事项。

①采用的压缩空气应干燥、洁净。

②喷枪与表面宜成直角，喷枪的移动速度应均匀，各喷涂层之间的喷枪方向应相互垂直、交叉覆盖。

③一次喷涂厚度宜为 25～80 μm，同一层内各喷涂带间应有 1/3 的重叠宽度。

3.4.2 防火涂装

钢结构防火涂装的目的是利用防火涂料，使钢结构在遭遇火灾时，能在构件所要求的耐火极限内不倒塌。

1. 薄涂型防火涂料施工

（1）底层喷涂施工。

①喷涂底层（包括主涂层，以下相同）涂料，应采用重力（或喷斗）式喷枪（图 3-20），配能够自动调压的 0.6～0.9 m³/min 的空压机。

图 3-20　喷枪

②底涂层一般应喷 2～3 遍，每遍干燥 4～24 h，待前遍基本干燥后再喷后一遍。第一遍喷涂以盖住基底面 70% 即可，第二、三遍喷涂每遍厚度应不超过 2.5 mm。每喷 1 mm 厚的涂层，消耗湿涂料 1.2～1.5 kg/m²。

③底涂层施工注意事项：

a. 喷涂时应保证涂层完全闭合，轮廓清晰。

b. 操作者要携带测厚计，随时检测涂层厚度，并保证喷涂达到设计规定的厚度。

c. 当钢基材表面除锈和防锈处理符合要求、尘土等杂物清除干净后方可施工。

d. 底层一般喷 2～3 遍，每遍喷涂厚度不应超过 2.5 mm。必须在前一遍干燥后，再喷涂后一遍。

e. 当设计要求涂层表面平整光滑时，应对最后一遍的涂层做抹平处理，确保外表面均匀平整。

（2）面涂层施工。

① 面层装饰涂料，可以刷涂、喷涂或滚涂，一般情况下采用喷涂施工。喷底层涂料的喷枪改为喷面层装饰涂料时，将喷嘴直径换为 1 ~ 2 mm、空气压力调为 0.4 MPa 左右即可。

② 对于露天钢结构的防火保护，喷好防火的底涂层后，也可选用适合建筑外墙用的面层涂料作为防水装饰层，用量为 1.0 kg/m² 即可。面层施工应确保各部分颜色均匀一致，搭接处应均匀平整。

③ 面层喷涂注意事项：

a. 面层应在底层涂装基本干燥后开始涂装；面层涂装应颜色均匀、一致，接槎平整。

b. 当底层厚度符合设计规定，并基本干燥后，方可施工面层。面层一般涂饰 1 ~ 2 次，并应全部覆盖底层。涂料用量为 0.5 ~ 1.0 kg/m²。

2. 厚涂型防火涂料施工

（1）施工机具的选择一般采用喷涂施工，机具可为压送式喷涂机（图 3-21）或挤压泵，配能自动调压的 0.6 ~ 0.9 m³/min 的空压机，空气压力喷枪的口径为 6 ~ 12 mm。局部修补可采用抹灰刀（图 3-22）等工具手工抹涂。

图 3-21　喷涂机

图 3-22　抹灰刀

（2）涂料的拌制与配置。

① 由工厂制造好的单组分湿涂料，现场应采用便携式搅拌器搅拌均匀。

② 搅拌和调配涂料，使稠度适当，能在输送管道中畅通流动，喷涂后不会流淌和下坠。

③ 由工厂提供的干粉料，现场加水或其他稀释剂调配，应按涂料说明书规定配比混合搅拌，即配即用。

④ 化学固化干燥的涂料，配制的涂料必须在规定的时间内用完。

（3）施工操作要点。

① 喷涂次数与涂层厚度应根据防火设计要求确定。若耐火极限 1 ~ 3 h，则涂层厚度 10 ~ 40 mm，一般需喷 2 ~ 5 次，施工过程中，操作者应采用测厚针随时检测涂层厚度，直到符合设计规定的厚度，方可停止喷涂。厚涂型防火涂料喷涂如图 3-23 所示。

图 3-23　防火涂料喷涂

②喷涂时，持枪手紧握喷枪，注意移动速度，不能在同一位置久留，以免造成涂料堆积流淌；输送涂料的管道长而笨重，应配一个助手帮助移动和托起管道；配料及往挤压泵加料均要连续进行，不得停顿。

③喷涂后的涂层要适当维修，对明显的乳突，要用抹灰刀等工具去掉，以确保涂层表面均匀。

（4）厚涂型防火涂料喷涂注意事项。

①配料时应严格按配合比加料或加稀释剂，并使稠度适当，即配即用。

②喷涂施工应分遍完成，每遍喷涂厚度应为 5～10 mm，必须在前一遍基本干燥或固化后，再喷涂后一遍。喷涂保护方式、喷涂遍数与涂层厚度应根据施工设计要求确定。

③在施工过程中，操作者应采用测厚针随时检测涂层厚度，直到符合设计规定的厚度后，才可停止喷涂。

④当防火涂层出现下列情况之一时，应重新喷涂或补涂：

a. 涂层干燥固化不良、黏结不牢或粉化、脱落。

b. 钢结构的接头和转角处的涂层有明显凹陷。

c. 涂层厚度小于设计规定厚度的 85% 时，或涂层厚度虽大于设计规定厚度的 85%，但未达到规定厚度的涂层的连续面积的长度超过 1 m。

②存在下列情况之一时，厚涂型防火涂料宜在涂层内设置与钢构件相连的钢丝网或其他相应的措施：

a. 承受冲击、振动荷载的钢梁。

b. 涂料黏结强度小于或等于 0.5 MPa 的钢构件。

c. 钢板墙和腹板高度超过 1.5 m 的钢梁。

3.5　质量验收与竣工验收

3.5.1　结构系统验收

根据现行国家标准《建筑工程施工质量验收统一标准》（GB 50300）的规定，钢结构工程施工质量的验收，是在施工单位自检合格的基础上，按照检验批、分项工程、分部（子分部）工程进行的。一般来说，钢结构作为主体结构，属于分部工程，对大型钢结构工程可按空间刚度单元划分为若干个子分部工程；当主体结构含钢筋混凝土结构、砌体结构等时，钢结构就属于子分部工程；钢结构分项工程是按照主要工种、材料、施工工艺等进行划分的，将分项工程划分成检验批进行验收，有助于及时纠正施工中出现的质量问题，确保工程质量。

《钢结构工程施工质量验收规范》（GB 50205—2001）规定：

1. 钢结构分部工程竣工验收要求

钢结构分部工程竣工验收时，应提供下列文件和记录：

① 钢结构工程竣工图样及相关设计文件。

② 施工现场质量管理检查记录。

③ 有关安全及功能的检验和见证检测项目检查记录。

④ 有关观感质量检验项目检查记录。

⑤ 分部工程所含各分项工程质量验收记录。

⑥ 分项工程所含各检验批质量验收记录。

⑦ 强制性条文检验项目检查记录及证明文件。

⑧ 隐蔽工程检验项目检查验收记录。

⑨ 原材料、成品质量合格证明文件、中文标志及性能检测报告。

⑩ 不合格项的处理记录及验收记录。

⑪ 重大质量、技术问题实施方案及验收记录。

⑫ 其他有关文件和记录。

2. 钢结构防腐蚀涂装工程验收要求

钢结构防腐蚀涂装工程，应满足《钢结构工程施工质量验收规范》（GB 50205—2001）的有关规定：

① 钢结构涂装工程可按钢结构制作或钢结构安装工程检验批的划分原则划分为一个或若干个检验批。

② 钢结构普通涂料涂装工程应在钢结构构件组装、预拼装或钢结构安装工程检验批的施工质量验收合格后进行。钢结构防火涂装工程在钢结构安装工程检验批和钢结构普通涂料检验批的施工质量验收合格后进行。

《建筑防腐蚀工程施工质量验收规范》（GB 50224—2010）规定：

涂料类品种、规格和性能的检查数量应符合下列规定：

① 应从每次批量到货的材料中，根据设计要求按不同品种进行随机抽样检查。样品大小可由施工单位与供货厂家双方协商确定。

② 当抽样检测结果有一项指标为不合格时，应再进行一次抽样复检。如仍有一项指标不合格时，应判定该产品质量为不合格。

《建筑钢结构防腐蚀技术规程》（JGJ/T 251—2011）规定：

建筑钢结构防腐蚀工程验收时，应提交下列资料：

① 设计文件及设计变更通知书。

② 磨料、涂料、热喷涂材料的产地与材质证明书。

③ 基层检查交接记录。

④ 隐蔽工程记录。

⑤ 施工检查、检测记录。

⑥ 竣工图样。

⑦ 修补或返工记录。

⑧ 交工验收记录。

3. 钢结构防火保护工程验收要求

建设单位应委托有检验资质的工程质检单位，按照国家现行有关标准和设计要求，对钢结构防火保护工程及其材料进行检测。检测项目应包括下列内容：

① 施工中抽样产品的性能参数检验。检测施工用材料的高温热传导系数、表观密度和比热容是否与施工方提供的产品说明书相符。

② 施工中留样产品的强度检验。检测涂覆型防火保护材料的黏结强度、包覆型保护材料的抗折强度。

③ 膨胀型防火涂料的膨胀检测。

④ 产品外观质量的检测。

⑤ 防火保护材料的厚度检测。

4. 装配式钢结构建筑的楼板及屋面板验收要求

① 压型钢板组合楼板和钢筋桁架楼承板组合楼板应按现行国家标准《钢结构工程施工质量验收规范》（GB 50205）和《混凝土结构工程施工质量验收规范》（GB 50204）的有关规定进行验收。

② 预制带肋底板混凝土叠合楼板应按现行行业标准《预制带肋底板混凝土叠合楼板技术规程》（JGJ/T 258）的规定进行验收。

③ 预制预应力空心板叠合楼板应按现行国家标准《预应力混凝土空心板》（GB/T 14040）和《混凝土结构工程施工质量验收规范》（GB 50204）的规定进行验收。

④ 混凝土叠合楼板应按国家现行标准《混凝土结构工程施工质量验收规范》（GB 50204）和《装配式混凝土结构技术规程》（JGJ 1）的规定进行验收。

5. 装配式钢结构钢楼梯验收要求

钢楼梯应按现行国家标准《钢结构工程施工质量验收规范》（GB 50205）的规定进行验收，预制混凝土楼梯应按国家现行标准《混凝土结构工程施工质量验收规范》（GB 50204）和《装配式混凝土结构技术规程》（JGJ 1）的规定进行验收。

安装工程可按楼层或施工段等划分为一个或若干个检验批。地下钢结构可按不同地下层划分检验批。钢结构安装检验批应在进场验收和焊接连接、紧固件连接、制作等分项工程验收合格的基础上进行验收。

3.5.2 外围护系统验收

1. 外围护系统质量验收

外围护系统质量验收应根据工程实际情况检查下列文件和记录：

① 施工图或竣工图、性能报告、试验报告、设计说明及其他设计文件。

② 外围护部品和配套材料的出厂合格证、进场验收记录。

③ 施工安装记录。

④ 隐蔽工程验收记录。

⑤ 施工过程中重大技术问题的处理文件、工作记录和工程变更记录。

外围护系统应在验收前完成下列性能的试验和测试：

① 抗压性能、层间变形性能、耐撞击性能、耐火极限等实验室检测。

② 连接件材性、锚栓拉拔强度等检测。

2. 外围护系统现场试验和测试

外围护系统应根据工程实际情况进行下列现场试验和测试：

① 饰面砖（板）的黏结强度测试。

② 墙板接缝及外门窗安装部位的现场淋水试验。

③ 现场隔声测试。

④ 现场传热系数测试。

3. 外围护部品隐蔽项目的现场验收

外围护部品应完成下列隐蔽项目的现场验收：

① 预埋件。

② 与主体结构的连接节点。

③ 与主体结构之间的封堵构造节点。

④ 变形缝及墙面转角处的构造节点。

⑤ 防雷装置。

⑥ 防火构造。

4. 外围护系统检验批划分

外围护系统的分部分项划分应满足国家现行标准的相关要求。检验批划分应符合下列规定：

① 相同材料、工艺和施工条件的外围护部品每 1 000 m^2 应划分为一个检验批，不足 1 000 m^2 也应划分为一个检验批。

② 每个检验批每 100 m^2 应至少抽查一处，每处不得小于 10 m^2。

③ 对于异形、多专业综合或有特殊要求的外围护部品，国家现行相关标准未做出规定时，检验批的划分可根据外围护部品的结构、工艺特点及外围护部品的工程规模，由建设单位组织监理单位和施工单位协商确定。

5. 外围护系统的保温隔热工程质量验收

外围护系统的保温和隔热工程质量验收应符合下列规定：

（1）建筑节能工程的检验批质量验收合格，应符合下列规定：

① 检验批应按主控项目和一般项目验收。

② 主控项目应全部合格。

③ 一般项目应合格；当采用计数检验时，至少应有 90%以上的检查点合格，且其余检查点不得有严重缺陷。

④ 应具有完整的施工操作依据和质量验收记录。

（2）建筑节能分项工程质量验收合格，应符合下列规定：

① 分项工程所含的检验批均应合格。

② 分项工程所含检验批的质量验收记录应完整。

（3）建筑节能分部工程质量验收合格，应符合下列规定：

① 分项工程应全部合格。

② 质量控制资料应完整。

③ 外墙节能构造现场实体检验结果应符合设计要求。

④ 严寒、寒冷和夏热冬冷地区的外窗气密性现场实体检测结果应合格。

⑤ 建筑设备工程系统节能性能检测结果应合格。

6. 外围护系统门窗工程、涂饰工程质量验收

外围护系统的门窗工程、涂饰工程质量验收规定：

（1）门窗工程验收时应检查下列文件和记录：

① 门窗工程的施工图、设计说明及其他设计文件。

② 材料的产品合格证书、性能检测报告、进场验收记录和复验报告。

③ 特种门及其附件的生产许可文件。

④ 隐蔽工程验收记录。

⑤ 施工记录。

（2）门窗工程应对下列材料及其性能指标进行复验：

① 人造木板的甲醛含量。

② 建筑外墙金属窗、塑料窗的抗风压性能、空气渗透性能和雨水渗漏性能。

（3）门窗工程应对下列隐蔽工程项目进行验收：

① 预埋件和锚固件。

② 隐蔽部位的防腐、填嵌处理。

（4）涂饰工程验收时应检查下列文件和记录：

① 涂饰工程的施工图、设计说明及其他设计文件。

② 材料的产品合格证书、性能检测报告和进场验收记录。

③ 施工记录。

7. 蒸压加气混凝土外墙板质量验收

外墙板结构尺寸和位置的偏差不应超过表 3-14 的规定。

表 3-14　墙板结构尺寸和位置允许偏差

项目			允许偏差/mm	检查方法
拼装大板的高度或宽度两对角线长度差			±55	拉线
外墙板安装	垂直度	每层	5	用 2 m 靠尺检查
		全高	20	
	平整度	表面平整	5	
内墙板安装	垂直度	墙面垂直	4	用 2 m 靠尺检查
	平整度	表面平整	4	
内外墙门、窗框余量 10 mm			±5	—

8. 木骨架组合外墙系统质量验收

木骨架组合外墙系统质量验收应符合下列规定：

① 木骨架组合墙体墙面应平整，不应有裂纹、裂缝。墙面不平整度不应大于 3 mm。

② 木骨架组合墙体墙面板密封应完整、严实，不应开裂。

③ 木骨架组合墙体应垂直，竖向垂直偏差不应大于 3 mm；水平方向偏差不应大于 5 mm。

9. 幕墙工程质量验收

（1）玻璃幕墙验收时应提交下列材料：

① 幕墙工程的竣工图或施工图、结构计算书、设计变更文件及其他设计文件。

② 幕墙工程所用各种材料、附件及紧固件、构件及组件的产品合格证书、性能检测报告、进场验收记录和复验报告。

③ 进口硅酮结构胶的商检证、国家指定检测机构出具的结构胶相容性和剥离黏结性试验报告。

④ 后置埋件的现场拉拔检测报告。

⑤ 幕墙的风压变形性能、气密性能、水密性能检测报告及其他设计要求的性能检测报告。

⑥ 打胶、养护环境的温度、湿度记录；双组分硅酮结构胶的混匀性试验记录及拉断试验记录。

⑦ 防雷装置测试记录。

⑧ 隐蔽工程验收文件。

⑨ 幕墙构件和组件的加工制作记录、幕墙安装施工记录。

⑩ 张拉杆索体系预拉力张拉记录。

⑪ 淋水试验记录。

⑫ 其他质量保证资料。

（2）玻璃幕墙工程质量检验应进行观感检验和抽样检验，并应按下列规定划分检验批，每幅玻璃幕墙均应检验。

① 相同设计、材料、工艺和施工条件的玻璃幕墙工程每 500 ~ 1 000 m² 为一个检验批，不足 500 m² 的也应划分为一个检验批。每个检验批每 100 m² 应至少抽查一处，每处不得少于 10 m²。

② 同一单位工程的不连续的幕墙工程应单独划分检验批。

③ 对于异形或有特殊要求的幕墙，检验批的划分应根据幕墙的结构、工艺特点及幕墙工程的规模，由监理单位、建设单位和施工单位协商确定。

10. 屋面工程质量验收

屋面工程质量验收资料和记录应符合表 3-15 的规定：

表 3-15　屋面工程验收资料和记录

资料项目	验收资料
防水设计	设计图样及会审记录、设计变更通知单和材料代用核定单
施工方案	施工方法、技术措施、质量保证措施
技术交底资料	施工操作要求及注意事项
材料质量证明文件	出厂合格证、型式检验报告、出厂检验报告、进场验收记录和进场检验报告
施工日志	逐日施工情况
工程检验记录	工序交接检验记录、检验批质量验收记录、隐蔽工程验收记录、淋水或蓄水试验记录、观感质量检查记录、安全与功能抽样检验（检测）记录
其他技术资料	事故处理报告、技术总结

3.5.3　设备与管线系统验收

1. 消防给水系统及室内消火栓系统质量要求和验收标准

消防给水系统及室内消火栓系统的施工质量要求和验收标准应符合下列规定：

（1）系统竣工后，必须进行工程验收，验收应由建设单位组织质检、设计、施工、监理参加，验收不合格不应投入使用。

（2）系统验收时，施工单位应提供下列资料：

① 竣工验收申请报告、设计文件、竣工资料。

② 消防给水及消火栓系统的调试报告。

③ 工程质量事故处理报告。

④ 施工现场质量管理检查记录。

⑤ 消防给水及消火栓系统施工过程质量管理检查记录。

⑥ 消防给水及消火栓系统质量控制检查资料。

2. 通风与空调工程的施工质量要求和验收标准

通风与空调工程的施工质量要求和验收标准应符合下列规定：

（1）通风与空调工程竣工验收资料包括下列内容：

① 图样会审记录、设计变更通知书和竣工图。

② 主要材料、设备、成品、半成品和仪表的出厂合格证明及进场检（试）验报告。

③ 隐蔽工程验收记录。

④ 工程设备、风管系统、管道系统安装及检验记录。

⑤ 管道系统压力试验记录。

⑥ 设备单机试运转记录。

⑦ 系统非设计满负荷联合试运转与调试记录。

⑧ 分部（子分部）工程质量验收记录。

⑨ 观感质量综合检查记录。

⑩ 安全和功能检验资料的核查记录。

⑪ 净化空调的洁净度测试记录。

⑫ 新技术应用论证资料。

（2）通风与空调工程各系统的观感质量应符合下列规定：

① 风管表面应平整、无破损，接管应合理。风管的连接以及风管与设备或调节装置的连接处不应有接管不到位、强扭连接等缺陷。

② 各类阀门安装位置应正确牢固，调节应灵活，操作应方便。

③ 风口表面应平整，颜色应一致，安装位置应正确。风口的可调节构件动作应正常。

④ 制冷及水管系统的管道、阀门及仪表安装位置应正确，系统不应有渗漏。

⑤ 风管、部件及管道的支、吊架形式、位置及间距应符合设计及规范要求。

⑥ 除尘器、积尘室安装应牢固，接口应严密。

⑦ 制冷机、水泵、通风机、风机盘管机组等设备的安装应正确牢固；组合式空气调节机组组装应正确，接缝应严密；室外表面不应有渗漏。

⑧ 风管、部件、管道及支架的油漆应均匀，不应有透底返锈现象，油漆颜色与标志应符合设计要求。

⑨ 绝热层材质、厚度应符合设计要求，表面应平整，不应有破损和脱落现象；室外防潮层或保护壳应平整、无损坏，且应顺水流方向搭接，不应有渗漏。

⑩ 消声器安装方向应正确，外表面应平整、无损坏。

⑪ 风管、管道的软性接管位置应符合设计要求，接管应正确牢固，不应有强扭。

⑫ 测试孔开孔位置应正确，不应有遗漏。

⑬ 多联空调机组系统的室内、室外机组安装位置应正确，送、回风不应存在短路回流的现象。

检查方法：尺量、观察检查。

3. 火警自动报警系统的施工质量要求和验收标准

火警自动报警系统的施工质量要求和验收标准应符合下列规定：

对系统中下列装置的安装位置、施工质量和功能等应进行验收：

① 火灾报警系统装置（包括各种火灾探测器、手动火灾报警按钮、火灾报警控制器和区域显示器等）。

② 消防联动控制系统（包括消防联动控制器、气体灭火控制器、消防电气控制装置、消防设备应急电源、消防应急广播设备、消防电话、传输设备、消防控制中心图形显示装置、模块、消防电动装置、消火栓按钮等设备）。

③ 自动灭火系统控制装置（包括自动喷水、气体、干粉、泡沫等固定灭火系统的控制装置）。

④ 消火栓系统的控制装置。

⑤ 通风空调、防烟排烟及电动防火阀等控制装置。

⑥ 电动防火门控制装置、防火卷帘控制装置。

⑦ 消防电梯和非消防电梯的回降控制装置。

⑧ 火灾警报装置。

⑨ 火灾应急照明和疏散指示控制装置。

⑩ 切断非消防电源的控制装置。

⑪ 电动阀控制装置。

⑫ 消防联网通信。

⑬ 系统内的其他消防控制装置。

3.5.4　内装系统验收

装配式钢结构建筑内装系统宜与结构系统工程同步施工，同层分阶段验收。

1. 内装工程验收要求

内装工程验收应符合下列规定：

① 对住宅建筑内装工程应进行分户质量验收、分段竣工验收。

② 对公共建筑内装工程应按照功能区间进行分段质量验收。

2. 室内环境的验收要求

室内环境的验收应在内装工程完成后进行。民用建筑工程验收时，必须进行室内环境污染物浓度检测，并应符合表 3-16 的要求：

表 3-16　民用建筑工程室内环境污染物浓度限量

污染物	Ⅰ类民用建筑工程	Ⅱ类民用建筑工程
氡/（Bq/m³）	≤200	≤400
甲醛/（mg/m³）	≤0.08	≤0.1
苯/（mg/m³）	≤0.09	≤0.09
氨/（mg/m³）	≤0.2	≤0.2
TVOC/（mg/m³）	≤0.5	≤0.6

注：① 表中污染物浓度测量值，除氡外均指室内测量值扣除同步测定的内外上风向空气测量值后的测量值。

② 表中污染物浓度测量值的极限值测定，采用全数值比较法。

3.5.5　竣工验收

单位工程质量验收应按现行国家标准《建筑工程施工质量验收统一标准》（GB 50300）的规定执行，单位（子单位）工程质量验收合格应符合下列规定：

（1）所含分部（子分部）工程的质量均应验收合格。

（2）质量控制资料完整。

（3）所含分部工程中有关安全、节能、环境保护和主要使用功能的检验资料应完整。

（4）主要使用功能的抽查结果应符合相关专业验收规范的规定。

（5）观感质量应符合要求。

竣工验收的步骤可按验前准备、竣工预验收和正式验收三个环节进行。单位工程完工后，施工单位应组织有关人员进行自检。总监理工程师应组织各专业监理工程师对工程量进行竣工预验收。建设单位收到工程竣工验收报告后，应由建设单位项目负责人组织监理、施工、设计、勘察等单位项目负责人进行单位工程验收。

施工单位应在交付使用前与建设单位签署质量保修书，并提供使用、保存、维护说明书。

建设单位应当在竣工验收合格后，按《建设工程质量管理条例》的规定向备案机关备案，并提供相应的文件。

4 轻钢结构施工

4.1 一般规定

轻钢结构主要是指以轻型冷弯薄壁型钢、轻型焊接和高频焊接型钢、薄壁板、薄壁钢管、轻型热轧型钢拼装、焊接而成的组合构件等为主要受力构件，大量采用轻质围护隔离材料的结构。

轻钢结构在工业发达的国家的应用已有几十年历史，如英国、美国、日本等早在19世纪60年代就开始用轻钢结构建造厂房、仓库等。轻钢结构是近10年来发展最快的领域，在美国，轻型钢结构建筑占非住宅建筑的50%以上。

目前，轻钢结构建筑的常用结构体系如下：

1. 门式刚架结构体系（图4-1）

门式刚架结构体系是我国轻型钢结构工业建筑中最主要和最受欢迎的结构形式。采用门式刚架作为主承重结构，以压型钢板为围护结构，设计上一方面允许腹板局部失稳，并利用腹板的屈曲后强度，另一方面通过改变腹板的高度将刚架的梁柱做成变截面形式，以适应结构弯矩内力的分布规律，因此，可较同等条件下的普通钢结构节约钢材 10%～20%。目前，我国门式刚架结构的设计、制作、安装技术已日趋成熟，应用范围包括各类轻型工业厂房、超市、综合楼、仓库、机库、农贸市场、饮食娱乐、体育场馆、候车室、码头建筑及各种临时性建筑。门式刚架属平面受力体系，非常适宜于跨度在 18～36 m、柱距为 7～9 m、平面尺寸狭长的建筑。门式刚架已成为国内外大规模现代化工业厂房的首选结构形式。目前，这种结构在我国的实际工程中最大跨度已达 72 m，厂房单体最大建筑面积超过了 75 万平方米。

图 4-1 门式钢架结构体系

2. 冷弯薄壁型钢结构体系（图 4-2）

冷弯薄壁型钢主要由 0.5 ~ 3.5 mm 厚普通钢板或镀锌钢板经冷压或冷弯而成，基本形状为 C 形、Z 形和矩形，并可形成各种折皱和卷边，拼成工形或 T 形，以提高截面刚度和承载力。冷弯薄壁型钢过去多用作屋面、隔断和围护结构的单体构件，只有少量作为结构构件用在中、小跨度门式刚架（无吊车）、货架中。而今在很多国家和地区采用冷弯薄壁型钢作为承重骨架的结构越来越多地用到单、多层住宅和别墅建筑中，形成了冷弯薄壁型钢新型结构体系。

图 4-2　冷弯薄壁型钢结构体系

冷弯薄壁型钢结构体系的框（刚）架梁、柱一般采用双 C 或四 C 槽钢组成的工形、T 形截面，承重骨架为平面框架，需布置柱间支撑保证整体稳定性。楼层采用主次梁体系及组合楼盖，不上人屋面采用檩条和压型钢板，内墙为轻质隔断墙，外墙则用轻质保温板。由于冷弯薄壁型钢结构体系构件较小，构件之间全部采用螺栓连接，且施工现场多为干作业，因此具有安装简便、搬运重量小、仅需小型起重设备、施工快捷等优势，在低层住宅方面具有很大的发展潜力。这种结构体系在我国的发展刚刚起步，现阶段的设计依据主要为冷弯薄壁型钢结构技术规范。

3. 多层多跨框架结构体系（图 4-3）

多层多跨框架结构体系的主要组成部分是梁、柱及与之相连接的屋楼面结构、支撑体系和墙板或墙架结构。其厂房高宽比不宜大于 6，柱网设置宜为 6 ~ 12 m，常设计成强柱弱梁形式。梁柱均为等截面，材料主要选用高频焊接和热轧 H 型钢、普通或轻型热轧型钢、冷弯型钢等。多层框架轻钢建筑自重轻，自振周期较长，对地震作用反应不敏感，但框架体系的侧向刚度较小，需设置各种侧向支撑，或者结合电梯井的布置，采用框架-抗剪桁架结构、框架-抗剪钢板剪力墙、框架-钢混剪力墙等新体系，以确保结构水平位移控制在规范允许的范围内。这种承重结构方案适宜于多层轻钢结构建筑这一类很有发展前途的金属建筑形式，如：总高度小于 24 m 的商业购物中心、办公大楼等公共建筑；总高度在 20 m 以下，楼面荷载小于 8 kN/m² 的电子、机械等行业的工业厂房；10 层以下的多层民用住宅。

图 4-3　多层多跨框架结构体系

4. 交错桁架结构体系（图 4-4）

这种结构体系由上述框架结构体系演变而来，是 20 世纪 60 年代美国麻省理工学院开发的一种新型结构体系，可以在建筑上获得两倍柱距的大开间，便于室内灵活布置。结构组成包括钢架柱、平面钢桁架、楼面板、屋面板、支撑等，特别适用于住宅、旅馆、办公等公共建筑，而且综合造价比传统的纯钢结构和混凝土结构都低。该结构体系建筑在美国、澳大利亚等国家已有应用，最高已建到 43 层。我国尚无工程应用，目前国内有关部门、机构和科研院所正致力于该体系的研究。

图 4-4　交错桁架结构体系

5. 金属拱形波纹屋盖结构体系（图 4-5）

金属拱形波纹屋盖结构体系是一种用彩色钢板现场滚压成型的屋盖结构体系，集承重与围护功能于一体，屋盖的保温功能靠内部喷覆的保温材料来实现，具有无梁无檩、板件之间锁边连接不需栓焊、防水性能好、施工速度快、用钢量省等优点，广泛用于厂房、仓库、商场、机库、军营建设。从结构形式看，金属拱形波纹屋盖结构主要采用圆弧拱体系，有落地和非落地两种形式，且多为无窗封闭式屋盖。由于这是一种薄壁拱壳结构，其内力分布状态和变形特征对缺陷极为敏感，截面折皱虽然加强了局部稳定性，但对整体失稳影响很大，因此需要进一步对拱壳的整体稳定性和局部稳定性进行分析研究。

图 4-5　金属拱形波纹屋盖结构体系

6. 节点构造

轻型钢结构柱多采用 H 形或箱形截面。由于腹板比较薄，故其在弱轴方向与梁的连接多采用铰接，在强轴方向采用刚接形式。有时还可采用半刚性连接，但其受力特性较复杂，往往需通过试验来取得较准确的设计数据。同时，轻型钢结构的构件相对较薄，应尽量避免工地现场焊接。为了加强结构的整体刚度，可以把次梁做成连续梁的形式。

7. 基础形式

轻钢房屋基础常用柱下独立基础、条形基础、十字形基础。采用柱下独立基础时，应注意各基础相对不均匀沉降对上部结构的影响。基础梁常用现浇或预制钢筋混凝土结构，有时根据要求也可采用钢基础梁，但通常将埋置在地面以下的柱脚和钢梁外包混凝土，以解决防腐问题。

4.1.1　施工准备

施工准备主要包括文件资料的准备、场地准备、构件材料的准备、机械设备的准备、土建部分准备、地脚锚栓的埋设、抗剪件槽的预留等钢结构主体施工前的准备工作。

技术交底是指在某一项工作（多指技术工作）开始前，由技术负责人向参与施工作业人员进行的技术性交代，其目的是使参与人员对所要进行的工作技术上的特点、质量要求、工作方法与措施、安全措施等方面有一个较详细的了解，以便于科学地组织施工，避免技术质量问题或安全事故的发生。交底要做好相关记录工作，各项技术交底记录也是工程技术档案资料中不可缺少的部分。技术交底一般包括设计图纸交底、施工设计交底和安全技术交底等。

一个完整的钢结构建筑，除了高品质的制作质量外，将各部分组件装配起来也是一个关键阶段，这个阶段称之为"现场安装"，正如布料和衣服的关系，好的布料没有好的裁缝，是很难做出好衣服的；而好的材料没有好的安装，同样难建造出好的建筑物。因此，要建成一个优秀的钢结构建筑，需要设计、材料和现场各方面协作来完成。

1. 现场场地检查

在工程开工前，必须要对工地情况做一个详细的检查和记录，同时注明所有可能影响本工程安装工期的质量和因素。重要的节点检查如表4-1所示。

表4-1　重要节点检查

序号	项目	是	否
1	基础的轴线、标高是否已经达到安装所需要的标准		
2	场地内是否已经清理，材料堆放的场地是否已经落实		
3	构件运输线路范围内是否已经没有障碍物，包括地上、地下、空中		
4	现场地坪是否已回填压实		

现场施工条件必须在材料进场之前得到满足，并须在总进度计划中予以考虑，这有助于工地保持整洁有序。

2. 工厂的预拼装检查

工厂预拼装的目的是在出厂前将已制作完成的各构件进行预先组装，对设计、加工的准确性进行验证，以保证起吊后一次组装成功。

（1）预拼装数每批抽10%～20%，但不少于1组。

（2）预拼装在坚实、平稳的胎架上进行。其支承点间距一般为300～1 000 mm时，允许偏差≤2 mm；支承点间距为1 000～5 000 mm时，允许偏差≤3 mm。

①预拼装中所有构件按施工图控制尺寸，各杆件应完全处于自由状态，不允许有外力强制固定。单根构件支承点不论柱、梁、支撑，应不少于两个。

②应明确标示预拼装构件控制基准、中心线，并与平台基线和地面基线相对一致。控制基准应与设计要求基准一致，如需要变换预拼装基准位置，应得到工艺设计认可。

③所有进行预拼装的构件，必须是制作完毕、经专职检验员验收并符合质量标准的单构件。

④在胎架上预装的全过程中，不得对结构件动用火焰或机械等方式进行修正、切割或使用重物压载、冲撞、锤击。

（3）高强度螺栓连接件预拼装时，可使用冲钉定位和临时螺栓紧固。试装螺栓在一组孔内不得少于螺栓孔的30%，且不少于2只。冲钉数不得多于临时螺栓的1/3。

（4）拼装后应用试孔器检查，当用比孔公称直径小1.0 mm试孔器检查时，每组孔的通过率不小于85%；当用比螺栓公称直径大0.3 mm的试孔器检查时，通过率为100%。试孔器必须垂直自由穿落，不能过的孔可以修孔。

3. 材料清点、验收

（1）钢结构产品到工地后，均应附有详细的材料清单，卸货时，必须按照材料清单进行清点，以防止重复发货或缺损。

（2）对进场构件按图纸逐一核对，检查质量证明书、构件合格证、探伤报告等交工所必需的技术资料及附件是否齐全，并对钢构件制作情况仔细检查。着重测量：

①梁、柱全长，及其截面高度。

② 牛腿至柱底的实际尺寸。

③ 无牛腿则测量柱顶端与屋面梁连接的最上一个安装孔中心至柱底的实际尺寸。

④ 焊接质量。

⑤ 模托板的位置。

⑥ 高强度螺栓拼接面除锈情况和钻孔情况。

⑦ 构件的涂装质量。

（3）检查钢梁中心线标志，检查连接部位的质量情况，包括端板的平整度、端板和翼缘及腹板的焊缝、每对螺栓孔的对孔情况。

（4）对高强度螺栓，进场时应有产品质保书和相关的复试报告，详见后文。

（5）其余零配件材料均应有产品合格证或质量保证书。

4. 材料卸货、堆放

由于轻钢结构中主结构的梁和柱所有的钢板都较薄，如装卸、存放不当容易变形，影响使用，另外，彩板表面必须得到很好的保护，否则，很容易产生锈斑、油漆脱落等情况。材料的卸货和堆放应至少做到以下几点：

（1）结构构件。

① 构件进场卸车时，要按设计吊点起吊，并要有防止损伤构件的措施。

② 构件摆放处应平整坚实，构件底层垫板要有足够的支承面，防止支点下沉，支点位置要合理，防止构件变形。

③ 构件摆放要整齐有序，文明施工，在卸货操作中应格外注意防止材料和混凝土地坪损伤。

④ 构件按一定的斜度堆放，以使任何积水可以排除并可以使空气流通，保持干燥。

⑤ 构件表面油漆损坏的，应在安装前进行补漆。

（2）墙面板和屋面板。

彩钢板按种类和规格分别堆放，以便于取用。将成捆的板从卡车上卸下时应特别小心，特别注意板的端部或边肋不受损伤。成捆的材料应放置于离地面足够高的地方以便空气流通，避免地面潮气和人员在板上走动。板后端应永远高于前端以便于雨天排水。

在板存放中，需经常检查其表面是否潮湿，如果出现潮湿现象，应尽量将板立即处理干燥。

（3）保温棉。

保温棉存放在干燥防雨的地方，有条件的，最好放于室内通风处。

（4）镀锌部件。

镀锌部件，包括檩条、折件等应放置在干净的环境中，若两周以上不用，则应用防水布覆盖。

4.1.2　工程划分

1. 划分原则

① 进场验收的检验批原则上应与各分项工程检验批一致，也可以根据工程规模及进料实际情况划分检验批。

② 钢结构焊接工程可按相应的钢结构制作或安装工程检验批的划分原则划分为一个或若干个检验批。

③ 紧固件连接工程可按相应的钢结构制作或安装工程检验批的划分原则划分为一个或若干个检验批。

④ 钢零件及钢部件加工工程，可按相应的钢结构制作工程或钢结构安装工程检验批的划分原则划分为一个或若干个检验批。

⑤ 钢构件组装工程可按钢结构制作工程检验批的划分原则划分为一个或若干个检验批，钢构件预拼装工程可按钢结构制作工程检验批的划分原则划分为一个或若干个检验批。

⑥ 单层钢结构安装工程可按变形缝或空间刚度单元等划分成一个或若干个检验批，地下钢结构可按不同地下层划分检验批；多层及高层钢结构安装工程可按楼层或施工段等划分为一个或若干个检验批，地下钢结构可按不同地下层划分检验批。

⑦ 钢网架结构安装工程可按变形缝、施工段或空间刚度单元划分成一个或若干个检验批。

⑧ 压型金属板的制作和安装工程可按变形缝、楼层、施工段或屋面、墙面、楼面等划分为一个或若干个检验批。

⑨ 钢结构涂装工程可按钢结构制作或钢结构安装工程检验批的划分原则划分一个或若干个检验批。

检验批的一般项目结果应有 80%及以上的检查点（值）符合规范合格质量标准的要求，且最大值不应超过其允许偏差值的 1.2 倍。

4.2 部品构件生产与运输

4.2.1 结构构件生产

1. H 型钢的加工和制作

焊接 H 型钢时，控制其焊接变形是技术关键。其制作工艺如图 4-6 所示。

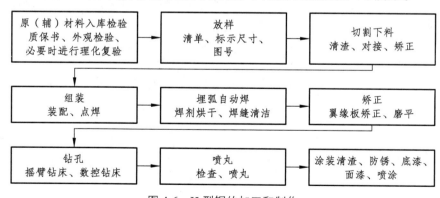

图 4-6 H 型钢的加工和制作

（1）原材料进场检验。

① 材料进厂时，必须附有材料质检证明书、合格证（原件），并按国家现行有关标准的规

定进行抽样检验。保证两大点：材料屈服点和五大元素含量（碳、硫、锰、磷、硅）。检验结果与竣工资料一起存盘待查。

② 表面检验：钢材表面有锈蚀、麻点和划痕等缺陷时，其深度不得大于该钢材厚度负偏差的 1/2，钢材表面锈蚀等级应符合现行国家标准《涂覆涂料前钢材表面处理 表面清洁度的目视评定》（GB/T 8923）系列标准的规定。

（2）号料。

① 构件下料按图纸放样尺寸进行下料，放样和号料时应根据工艺要求预留制作时焊接收缩余量及切割边缘加工等加工余量。

② 在进行切割前应将切割面附近的铁锈、污浊等清洗干净，切割后应清除熔渣和飞溅物，钢材表面不应有明显的划痕和损伤，钢板不平时应预先进行校正，待平整了再进行切割。翼缘板、腹板需拼接时，应按长度方向进行拼接，然后下料。

③ 下料过程应严格遵守工艺卡规定，减少切割变形，将熔渣、污垢清除干净，保证质量。下料完成后应有专职质检员对工件尺寸进行测量检验，将误差控制在允许偏差以内（表 4-2）。

表 4-2　号料允许偏差

项目	允许偏差/mm
构件宽度、长度	±3.0
切割面平面度	0.05 t（t 为切割面厚度）且不大于 2.0
割纹深度	0.2
局部缺口深度	1.0

（3）组立。

构件的组立是在全自动组立机上进行的。组立前应仔细核实组立件和设计图纸是否相同，并检验 CO_2 气体的纯度、焊丝的规格及材质。先将腹板与翼板组立、点焊成 T 形，再点焊成 H 成，点焊采用 CO_2 气体保护焊。腹板采用二次定位，先由机械系统粗定位，再由液压系统精确定位，保证腹板对中性。组立后由专职质检员对构件进行检测。检测工具为卷尺、角度尺、塞尺。其允许偏差如表 4-3 所示。

表 4-3　组立允许偏差

工序	允许偏差/mm
翼板与腹板缝隙	1.5
对接间隙	±1.0
腹板偏移翼板中心	±3.0
对接错位	t/10 且不大于 3.0
翼缘板垂直度	b/100（且≤3.0）（b 为翼板宽度）

（4）焊接。

焊接是保证质量最重要的一道工序。焊接的质量直接关系到构件的坚韧度，应严格按要求施焊，控制焊接变形。焊接在门式自动埋弧焊机上进行，操作人员应熟悉工艺流程，持证上岗。焊接所用焊丝、焊剂等应符合国家规范要求，焊剂使用前应按要求进行烘烤，根据钢板的厚度选用焊接电流、焊接速度、焊丝的直径，根据材质选用焊丝的材质和焊剂的牌号。焊接后由专职质检员对焊缝进行超声波探伤，不得有未焊透、夹渣、裂纹等缺陷。焊缝外观不得有气孔、咬边、偏焊等超差缺陷。如有上述缺陷，必须用碳弧气刨或角向磨光机将缺陷彻底清除后再补焊。

（5）构件的矫正。

焊接变形矫正在翼缘矫正机和压力机上进行：翼板对腹板的垂直度在翼缘矫正机上矫正，根据腹板和翼缘板的厚度选择矫正压力和压辊的直径。挠度矫正在压力机上进行。局部弯曲、扭曲用火焰矫正，缓冷、加热温度根据钢材性能选定但不得超过 900 °C。工人必须持证上岗。矫正后，由专职质检员检测有关参数，检测工具为卷尺、平台、游标卡尺。构件各项参数允许偏差如表 4-4 所示。

表 4-4　矫正允许偏差

工序	允许偏差/mm
弯曲矢高	$L/1\ 000$ 且 $\leqslant 5.0$（L 为构件长度）
翼板对腹板的垂直度	$b/100$ 且 $\leqslant 3.0$（b 为翼板宽度）
扭曲	$h/250$ 且 $\leqslant 5.0$（h 为腹板高度）

2. 连接板件的加工

端头板厚度一般选择使用仿形火焰切割机进行下料。墙托板、檩托板用剪板机下料。切割前将钢材切割区域表面的铁锈、污物等清除干净，气割后清除熔渣和飞溅物。切割后，端头板长度、宽度误差必须在规范允许偏差内（表 4-5）。端头板摩擦面采用砂轮打磨，摩擦面打磨范围不小于螺栓孔直径的 4 倍，打磨方向宜与构件受力方向垂直。处理后的摩擦面按批做抗滑移系数实验，摩擦系数不小于 0.35。

表 4-5　连接板件的加工允许偏差

项目	允许偏差/mm
零件长度、宽度	±3.0
螺栓孔直径	+1.0
螺栓孔圆度	2.0
垂直度	$0.03\ t$ 且 $\leqslant 2.0$（t 为板厚）
同一组内任意两孔间距	±1.0
相邻两组端孔间距离	±1.5

3. 钢柱、屋架梁制作

将矫正好的 H 型钢在放好线的平台大样上进行端头板切割、修整，并将腹板、翼缘板按规范要求开坡口。采用端头切割机进行切割，切割尺寸依据设计文件和施工工艺卡进行控制，切割端面与 H 型钢中心线角度要严格控制，检测后如超出规范允许偏差范围，必须修整。焊接采用手工对称施焊，严格按施工工艺卡进行焊接，焊后将焊渣清理干净，并打上焊工编号待查。焊接完成后把成品归类放好。

立柱制作的允许偏差如表 4-6 所示：

表 4-6 立柱允许偏差

项目	允许偏差/mm
柱底面到柱端与屋面梁连接最上一个安装孔距离 L	$\pm L/15\,000$ ± 15.0
柱底面到牛腿支承面距离 L_1	$\pm L_1/2\,000$ ± 8.0
牛腿面的翘曲	2.0
柱脚底平面度	5.0
墙托的直线度	与 H 型钢中心偏差小于 2.0

吊车梁、屋面梁的允许偏差如表 4-7 所示：

表 4-7 梁允许偏差

项目		允许偏差/mm
梁长度 L	端部有凸缘支座板	0 −0.5
	其他形式	$\pm L/2\,500$ ± 10.0
端部高度 h		± 2.0
两端最外侧安装孔距离 L_1		± 3.0
拱度		10.0 −5.0
吊车梁上翼缘板与轨道接触面平面度		1.0

4. 屋面檩条和墙面檩条的制作

屋面檩条和墙面檩条的允许偏差如表 4-8 所示。构件在檩条成形机上轧制成形，在冲床上冲孔。对成形檩条进行严格检测，将各项参数整理成数据，当误差超出允许范围时，须立即对机器进行调整。各项参数合格后进行批量生产。

表 4-8 檩条允许偏差

项目	允许偏差/mm
零件长度、宽度	± 3.0
边缘缺棱角	1.0

4.2.2 围护部品生产

（1）围护部品应符合现行国家标准《民用建筑工程室内环境污染控制规范》（GB 50325）和《建筑材料放射性核素限量》（GB 6566）的规定，并应符合室内建筑装饰材料有害物质限量的规定。

（2）预制混凝土外墙板生产时，应符合下列规定：

①宜水平制作，当室外侧面板带有饰面时，饰面宜朝上放置进行墙体组装。

②当预制混凝土外墙板采用面砖、石材等块材饰面时，饰面与预制混凝土外墙板的粘贴

宜采用反打工艺在工厂完成，不宜采用现场后贴面砖、石材的做法。

③ 当预埋管线时，管线种类与定位尺寸应满足预制构件工厂化生产及装配化施工的需求，且管线不宜交叉敷设。

④ 当设置门窗时，门窗附框宜在工厂加工完成。

（3）拼装大板生产时，应符合下列规定：

① 支承骨架的加工与组装、吊装组件设置、面板布置、保温层设置均在工厂完成。

② 除不锈钢外两种不同金属的接触面应设置防止双金属接触腐蚀的措施。

（4）墙板部品生产时，应制订在线检查的控制方案，明确质量控制点。其应包含下列内容：

① 尺寸允许偏差，包括：长度、宽度、厚度、对角线差、表面平整度、边缘直线度、边缘垂直度等。

② 外观缺陷，包括：严重缺陷、一般缺陷。

（5）建筑幕墙类生产时，应符合现行行业标准《玻璃幕墙工程技术规范》（JGJ 102）、《金属与石材幕墙工程技术规范》（JGJ 133）及《人造板材工程技术规范》（JGJ 336）的有关规定。

4.2.3 内装部品生产

（1）内装部品的生产加工应包括深化设计、制造或组装、检测、矫正及验收，并应进行生产全过程质量控制。

（2）内装部品生产加工要求应满足下列规定：

① 根据设计图纸进行深化设计，满足性能指标要求。

② 当不采用标准产品时应确定参数，按生产工艺进行检测。

（3）生产过程质量检验控制应符合下列规定：

① 首批产品检验：首批加工产品应进行自检、互检、专检，经检验合格并形成检验记录，方可进行批量生产。

② 巡回检验：首批产品检验合格后，应对产品生产加工工序、特别是重要工序控制进行巡回检验。

③ 完工检验：产品生产加工完成后，应由专业检验人员对生产产品、图纸资料、施工单等按批次进行检查，做好产品检验记录。应对检验中发现的不合格产品做好记录，增加抽样检测样本数量或频次。

④ 检验人员应严格按照图样工艺技术要求的外观质量、规格尺寸等进行出厂检验，做好各项检查记录、签署产品合格证方可入库，无合格证产品不得入库。

（4）产品型式检验：发生下列情况之一时，应进行型式检验：

① 特殊过程发生重大质量问题时。

② 影响特殊过程的因素发生了变化（如材料变更、产品或过程参数变更，设备、工装进行了大修等）。

③ 停产一年以上时。

4.2.4　构件成品检验、管理和包装

成品指工厂制作完成的结构产品。项目经理部应对成品或半成品进行管理，包括成品检验、堆放、包装、运输以及根据起重能力、运输工具、道路状况、结构刚性等因素选择最大重量和最大外轮廓尺寸出厂。成品检查的依据是在前期工作，例如材料质量保证书、工艺措施、各道工序的自检记录等完备无误的情况下才进行成品检查的。成品检查项目基本按该产品的国家标准或部颁标准、设计要求的技术条件及使用状况决定，主要内容是外形尺寸、连接相关位置及变形量等；同时也包括各部位的细节，为确保现场安装无误，必要时在制作厂还要进行试组装，特别是外地工程和国外工程，厂内试组装就显得更加重要。

1. 钢构件成品检验

（1）成品检查项目确定。

钢结构成品的检查项目各不相同，要依据各工程具体情况而定。若工程无特殊要求，一般检查项目可按该产品的标准、技术图纸、设计文件要求和使用情况而确定。成品检查工作应在材料质量保证书、工艺措施、各道工序的自检、专检等前期工作完备或完成后进行。钢构件因其位置、受力等的不同，其检查的侧重点也有所区别。

（2）修整。

构件的各项技术数据经检验合格后，加工过程中造成的焊疤、凹坑应予补焊并磨平，临时支撑、夹具应予割除。

（3）验收资料。

产品经过检验部门签收后进行涂底，并对涂底质量进行验收。钢结构制造单位在成品出厂时，应提供钢结构出厂合格及有关技术文件，其中应包括：

① 施工图和设计变更文件，设计变更的内容应在施工图中相应部位注明。

② 制作中对技术问题处理的协议文件。

③ 钢材、连接材料和涂装材料的质量证明书和试验报告。

④ 焊接工艺评定报告。

⑤ 高强度螺栓摩擦面抗滑移系数试验报告、焊缝无损检验报告及涂层检测资料。

⑥ 主要构件验收记录。

⑦ 构件发运和包装清单。

⑧ 需要进行预拼装时的预拼装记录。

此类证书、文件作为建设单位的工程技术档案的一部分。上述内容并非所有工程都具备，而是根据工程的实际情况提供。

2. 钢构件成品管理和包装

钢构件成品管理和包装与一般构件的成品管理和包装类似，此处不再赘述。

4.2.5　构件运输和堆放

大型或重型构件的运输应根据行车路线和运输车辆性能编制运输方案。

构件的运输顺序应满足构件吊装进度计划要求。运输构件时，应根据构件的长度、重量、断面形状选用车辆；构件在运输车辆上的支点、两端伸出长度及绑扎方法选择均应保证构件不产生永久变形、不损伤涂层。

构件堆放场地应平整坚实，无水坑、冰层，并应有排水设施。构件应按种类、型号、安装顺序分类堆放；构件底层地块要有足够的支撑面；相同型号的构件堆放时，每层构件的支点要在同一垂直线上；变形的构件应矫正，经检查合格后方可安装。

4.3 轻钢厂房结构施工和安装

4.3.1 主体结构施工

基础浇捣完毕冬季约 14 d，夏季约 7 d 后，一般可进行主钢结构的吊装。吊装前应检查施工现场有无条件，如电力的供应、现场吊车行走路线及地基承载力情况和路面情况等。

1. 垫板设置

柱底板下设置的支承垫板应符合下列规定：

（1）垫板应设置在靠近地脚螺栓的柱脚底板加劲板或柱脚下。

（2）每组垫板叠放不宜超过三块，垫板外露出柱底板小于 30 mm。

（3）垫板与混凝土柱面紧贴平稳，其面积在施工作业设计中根据基础混凝土的抗压强度计算确定。

（4）垫板边缘应清除氧化铁渣和毛刺。

（5）地板标高应根据实际测得的柱底面至牛腿距离决定每个基础垫板的顶面标高，其标高允许偏差为±30，水平度偏差为 $L/1\,000$。

2. 刚架吊装

刚架吊装应根据现场的情况，首先确定起重机械的使用，是使用 16 t、25 t 还是 50 t 的汽车起重机，是使用一台还是两台，都要根据设计图纸和施工现场实际施工情况及总进度计划的要求确定，可参考相应的机械手册。一般地，单片起吊大梁长度在 25 m 以下可使用单台汽车起重机两点起吊，32 m 以上宜同时使用两台吊机四点起吊。

（1）主刚架吊装方法。

① 总体上的安装顺序一般是先吊装有水平和垂直支撑的区间，吊装好后做调整，调整完毕后再吊装其他区间。这样有助于减小累计误差和后期刚架调整的工作量，以保证施工工期。

② 单榀框架一般宜采用先柱后梁，先主梁后次梁，先梁后板的程序吊装。

③ 先吊装柱，吊装前检查构件编号及总体尺寸，防止误吊；检查螺栓丝扣，保证完好；检查各种工具，特别是钢丝绳的粗细，必须保证绝对安全。

④ 钢柱吊装时，首先将钢丝绳的一端固定在钢柱上，另一端固定在吊钩上，吊车起吊 1 m 左右，检查钢丝绳固定位置是否合适，若不合适，则卸吊，并移动起吊位置，直至合适。起吊，安装钢柱至基础上。对于特别重的钢柱，钢丝绳固定时应作适当保护，防止构件翼缘边

与钢丝绳产生严重磨损，并应使用特制的吊钩防止构件在空中打转，产生危险。

⑤ 在钢柱柱脚上做好中心标记，钢柱与地脚螺栓固定，并采用经纬仪和靠尺结合初调好钢柱，安装缆风绳，防止倾倒。

⑥ 将另外一边的边柱采用同样方法吊起，固定。

⑦ 两侧钢柱安装好后，开始安装该片主梁。由于运输的关系，大梁的每段尺寸一般控制在 12 m 以内，因此，吊装主梁前，一般需要在地上拼接好大梁，安装好高强度螺栓（高强度螺栓的安装下文有详细说明）。

⑧ 钢梁吊装时，首先将钢丝绳固定在钢梁上，吊车起吊 1 m 左右，同样检查钢丝绳固定位置是否合适，若不合适，则卸吊，并移动起吊位置，直至合适。起吊、安装钢梁至钢柱上，连接好高强度螺栓，并在大梁上拉缆风绳，防止钢梁倾覆。吊车松钩，这样，一幅刚架吊装完成。

⑨ 用同样方法安装第二幅刚架，这样，第一个内开间就完成了。

（2）完成和调节第一个内开间的正确位置至关重要，当此开间被正确校正和设置支撑后，其余构件会在很大程度上自动调正和校直。在第一个内开间结构完成后，将所有檩条、围梁、屋檐支梁安装在装好支撑的开间，在进行下一步骤前将整个开间调正、校直并设置支撑。在最后检测建筑调正状况时，如有必要可再做适当调整。

调正方法如下：

调整结构时用经纬仪从柱子的两条轴线观测。在翼缘板内侧通过经纬仪直接看出任何不垂直的地方，用调整对角斜撑的方法来调整柱的垂直度，所有的测量应从翼缘的中线开始。

① 以上第一个区间完成后，进行其余区间刚架吊装。

② 刚架隔撑建议用螺栓固定到横梁上（不拧紧），随刚架梁同时吊起。

③ 当天吊装完成的刚架必须用檩条连成整体，并有可靠支撑；否则，遇到台风季节，可能会造成构件扭曲、倒塌。

注意事项：

钢结构吊装前，应将构件表面的污染物清除，否则以后清除将会很困难，并影响工程美观。钢结构的吊装必须由起重工统一指挥。

3. 安装檩条

刚架安装完，将檩条从建筑的一端安装至另一端。为了有助于整个结构的刚度，将结构斜撑安装在规定位置，所有用于连接檩条、围梁和屋檐支梁的螺栓不要拧紧，以便于最后调整结构。为便于施工，将每跨间所需的檩条成捆运至对应梁和柱的位置。

（1）安装过程中的临时支撑。

① 檩条临时支撑。在安装屋面板和保温层以前，要确保檩条垂直。至少应在柱距一半处放一排临时撑木。必要时增加几排撑木以便使檩条保持平直，安装下一间时，将撑木移至下一间。

② 刚架临时撑。刚架必须充分地加以支撑。缆风绳必须固定于正确的固定物上。

（2）安装抗风斜撑。

对角斜撑圆钢应按照安装图安装且应拉紧以防刮风时建筑物摇摆或振动，同时也要防止不要拉得过紧以防结构构件弯曲。

4. 高强度螺栓的连接

（1）摩擦型高强度螺栓连接的承载力为：

$$N = m \times n_f \times P \times \mu$$

式中　m——连接接头的螺栓个数；

　　　n_f——传力摩擦面数；

　　　μ——抗滑移系数；

　　　P——每个高强度螺栓的预拉力（kN）。

由上式可知，高强度螺栓预拉力 P 和抗滑移系数 μ 是影响连接强度的关键因素，而这两项指标在施工后难以检查，因此，要求施工前必须检验。

（2）影响抗滑移系数的因素。

摩擦面的表面有铁屑、飞边、毛刺、焊渣等都将影响连接板间的密贴；氧化铁皮、不应有的涂料和污垢等都将降低连接面的抗滑移系数。

（3）工程吊装前的相关试验（表 4-9）。

表 4-9　高强度螺栓的相关试验

大六角头高强度螺栓	连接副扭矩系数复验
	摩擦面抗滑移系数复验
扭剪型高强度螺栓	连接副预拉力复验
	摩擦面抗滑移系数复验

5. 大六角头高强度螺栓连接的质量控制

（1）高强度螺栓在钢结构吊装前进行初拧，初拧值控制在终拧值的 50%左右，钢结构调整后使用扭矩扳手进行终拧。施拧及检查用的扭矩扳手，扳前必须校正标定，扳后还须校验，以确定此扳手在使用过程中，扭矩未发生变化。

（2）若扳后校验发现扭矩误差超出允许范围，则用此扳手施工的螺栓应视为全部不合格。扳手重新校正后，欠拧的应重新施拧，是超拧的高强度螺栓应全部更换，重新按要求施拧。

（3）施工用扳手在使用前标定，误差应控制在±3%内，使用后校验，误差不应超过±5%；检查用扭矩扳手标定误差不应超过±3%。这些都是为了确保连接的可靠、扭矩检查的准确性。

（4）高强度螺栓连接施工工具和标定。

①施加和控制预拉应力的方法。目前，高强度螺栓连接常用的施加和控制预加应力的方法是扭矩控制法。即使用可以直接显示扭矩的特制扳手，并事先测定加在螺母上的紧固扭矩与导入螺栓中的预拉力之间的关系。

高强度螺栓连接副终拧扭矩值按下式计算：

$$T = K \times P \times D$$

式中　T——终拧扭矩值；

　　　K——高强度螺栓扭矩系数（0.110～0.150）；

P——施工预拉力标准值（表 4-10）；

D——高强度螺栓公称直径。

为了补偿拉力可能出现的松弛，施加力矩数值超过 5%～10%，以控制扭矩来控制预拉力。

表 4-10　高强度螺栓连接副施工预拉力标准值 P（单位：kN）

螺栓性能等级	螺栓的公称直径/mm					
	M16	M20	M22	M24	M27	M30
8.8S	75	120	150	170	225	275
10.9S	110	170	210	250	320	390

② 手动扭矩扳手的标定。从上面公式可看出，由于高强度螺栓连接在实际作业时，无法测定高强度螺栓的预拉力。为此，要从使用螺栓的扭矩系数关系式（$T = K \times P \times D$）中，以扭矩值推定其预拉力。所以，螺栓在紧固后的检查控制一定要确认扭矩值，以取代预拉力的测定。因此，紧固所使用的扳手一定要进行标定，以明确扭矩指示值。

③ 表盘式手动扭矩扳手的标定方法与步骤：

a. 确定扭矩标定值 T。

b. 测定扭矩扳手自力矩 T_1（扳手自重所产生的力矩）。将螺栓穿入固定不动的连接板，拧上六角螺母，用扭矩扳手施加一个略大于 T 的扭矩；将扭矩扳手的套筒套在六角螺母上，使扳手悬空处于水平位置，这时扳手表盘上指示的扭矩就是扳手的自力矩（T_1）。将表盘指针调到零位，消除自力矩，以后加荷砝码所产生的力矩就是扳手的实际扭矩值。

c. 求出加荷砝码所产生的力矩（T_2）。在扳手的受力中心位置挂一个砝码盘，然后在砝码盘上缓慢地加砝码，直至扳手表盘指示的扭矩值达到扭矩标定值 T，算出砝码和砝码盘的总重 G_2，测出扳手受力中心到套筒轴线的距离 L_2，则可计算出 $T_2 = G_2 \times L_2$，T_2 即为扳手实际扭矩值。

d. 根据 T_2，修正扳手扭矩指示值。

如 $T_2 = T$，说明该扳手扭矩指示值和实际扭矩值相符，扳手是合格的。

如 $T_2 \neq T$，说明该扳手扭矩指示值为 T 时，实际扭矩值为 T_2，这时可将表盘上指示的值修正为 T_2。修正后的扳手仍可使用，但前提是扳手扭矩指示值的重复性是好的（即同样加荷标定，结果是一样的）。

（5）质量控制与验收。

① 检查使用的扭矩扳手应在每班作业前后分别进行标定和校验，检查扭矩按下列公式计算：

$$T_{ch} = K \times P \times D$$

② 高强度大六角头螺栓终拧结束后校验时，应采用"小锤敲击法"对螺栓（螺母处）逐个进行敲检，且应进行扭矩随机抽检。

"小锤敲击法"是用手指紧按住螺母的一个边，按的位置尽量靠近螺母近垫圈处，然后宜采用质量为 0.3～0.5 kg 的小锤敲击螺母相对应的另一个边（手按边的另一边），如手指感到轻微颤动为合格，颤动较大即为欠拧或漏拧，完全不颤动即为超拧。

扭矩检查采用"松扣、回扣"法，即先在螺母螺杆的相对应位置画一条细线，然后将螺母拧松约 60°，再拧到原位（即与该细直线重合）时测得扭矩，该扭矩与检查扭矩的偏差在扭矩的±10%范围以内为合格。

扭矩检查应在终拧 1 h 以后进行，并在 24 h 以内完成。

扭矩检查为随机抽样，抽样数量为每个节点螺栓连接副的 10%，但不少于 1 个连接副。如发现不符合要求的，应重新抽样 10%检查，如仍为不合格，是欠拧、漏拧的，应该重新补拧，是超拧的应予更换螺栓。

6. 扭剪型高强度螺栓的质量控制

（1）由于连接接头处钢板不平整，先拧紧与后拧紧的高强度螺栓的预拉力有很大的差异。为克服这现象，使节点各螺栓受力均匀，扭剪型高强度螺栓的拧紧应分为初拧和终拧，对大型节点尚应增加复拧，复拧扭矩等于初拧扭矩。

（2）扭剪型高强度螺栓的终拧采用专用的电动扭断器进行。

（3）由于设计和构造的关系，对于一些无法使用扭断器终拧的高强度螺栓，可以将其扭矩值换算成相应规格的大六角头高强度螺栓的扭矩值后使用扭矩扳手终拧，但这些高强度螺栓的数量占的百分比应遵循当前规范不大于该节点螺栓数的 5%的规定。

（4）扭剪型高强度螺栓施工检验。

检验方法：

观察尾部梅花头拧掉情况。尾部梅花头被拧掉可视同其终拧扭矩达到合格质量标准，尾部未被拧掉者应按照扭矩法或转角法检验。

（5）安装替换高强螺栓的注意事项。

① 螺栓穿入方向应便于操作，并力求一致，目的是使整体美观。

② 螺栓应自由穿入螺栓孔，对不能自由穿入的螺栓孔，允许在孔径四周层间无间隙后用锉刀进行修整。但扩孔后的孔径不应超过原孔径+3 mm；不得将螺栓强行敲入，并不得气割扩孔。

③ 螺栓连接副安装时，螺母凸出一侧应与垫圈有倒角的一面接触，大六角头螺栓的第二个垫圈有倒角的一面应朝向螺栓头。

④ 安装高强度螺栓时，构件的摩擦面应保持干燥，不得在雨中作业。

⑤ 终拧完成后，高强度螺栓丝扣外露一般控制在 2～3 个，允许有部分外露 1 扣或 4 扣，但其百分比应遵循当前规范不超过螺栓总数 10%的规定。

7. 楼层板的安装

在有夹层或多层钢结构的建筑中，经常要使用楼层错板。其主要的施工要点如下：

（1）材料检查。

① 楼层板原材料应有生产厂的产品质量证明书。

② 楼层板基材表面不得有裂纹，镀锌板不能有锈点，涂层压型钢板的漆膜不应有裂纹、剥落和露出金属基材等损伤。

③ 对于外观尺寸检查，其偏差应符合相关规范的规定。

（2）在楼层板铺设以前，必须认真清扫钢梁顶面的杂物，并对有弯曲和扭曲的楼层板进行矫正，板与钢梁顶面的面距应控制在 1 mm 以下。

（3）为了防止对钢梁上的焊接连接件产生不良影响，钢梁顶部上翼缘不应涂刷油漆。

（4）安装时，先根据板的布置图确定每个排板区域，在钢梁上翼缘上弹出墨线，标明所需块数，并确定第一块板在钢梁上的起始位置，再依次将该区域的板铺设到位，同时，对切口、开洞等作补强处理。

（5）将栓钉穿透楼层板直接焊于钢梁上翼缘，栓钉的间距应按图纸的要求排列。

（6）楼层板未施工完毕前，不得在上面堆载重物，以防止板变形。

（7）对于直径小于 22 mm 的栓钉完成后应按照比例进行 30°弯曲试验检查，其焊缝和热影响区不应有肉眼可见的裂纹。

（8）栓钉根部焊脚应均匀，焊脚立面的局部未熔合或不足 360°的焊脚应进行修补。

（9）为保证施工质量，提高施工效率，最好采用专用的栓焊设备施工，一般机焊为 1 500～2 000 个/班，而手工焊则为 300～400 个/班。另外，由于焊接时瞬间电流比较大，为 1 000～2 000 A，因此，使用前需认真检查供电线路以防影响其他设备正常工作或引起电线短路等安全事故。

（10）栓钉端头与圆柱头部不得有锈或污染，受潮的瓷环必须烘干后方可使用。

（11）气温在 0 ℃ 以下、降雨、雪或工件上有水分时不得施焊。

（12）如设计图纸上注明施工阶段需设置临时支撑，则在楼层板施工结束后，钢筋施工前，即应设置临时支撑，并在混凝土达到足够强度后方可拆除。

8. 钢结构的现场焊接工程

在一般钢结构工程中，现场焊接工程的成功与否直接关系到整个工程的质量优劣，是整个钢结构工程中最为重要的分项工程之一。

（1）材料。

焊接材料除了制造本身决定其性能优劣外，与出厂日期、保存条件和方法、烘焙有很大的关系，所以在使用前必须按照设计要求和相关规范的规定进行准备：

① 设计及规范要求选用焊条，焊条须具有出厂合格证明。如需改动焊条型号，必须征得设计部门同意。

② 焊接前将焊条进行烘焙处理并做好烘焙记录。

③ 严禁使用过期、药皮脱落、焊芯生锈的焊条。

（2）施工人员条件。

① 在钢结构工程施工焊接工作中，焊工是特殊工种，其操作技能和资格与工程质量直接相关，必须充分重视。

② 从事钢结构现场焊接前，必须根据焊接工程的具体类型，按照国家现行行业标准《建筑钢结构焊接技术规程》（JGJ 81—2002）等的规定对焊工进行考试。焊工通过考试，并取得合格证后才可上岗，如停焊超过半年以上时，则重新考核后才准上岗。

（3）操作工艺。

① 焊条使用前，必须按照质量证明书的规定进行烘焙后，放在保温箱内随用随取。首次采用的钢材和焊接材料，必须进行焊接工艺评定，即使是 Q235 或 Q345 等常用的钢材，若施工单位从未做过焊接工艺评定，也必须要进行并通过焊接工艺评定后才能允许施工。

② 施焊前，必须对焊缝两侧钢板表面进行检查，若发现生锈，则必须先使用机械打磨除

锈至露白，确保去除表面的铁锈、飞溅物等杂物。

③ 多层焊接应连续施焊，其中每一层焊缝完后应及时清理，如发现有影响焊接质量缺陷的，必须清除后再焊。

④ 要求焊成凹面贴角焊缝，可采用顺位焊接使焊缝金属与母材间平缓过渡。

⑤ 焊缝出现裂纹时，焊工不得擅自处理，须申报焊接技术负责人查清原因，定出修补措施后才可处理。

⑥ 严禁在焊缝区以外的母材上打火引弧，在坡口内起弧的局部面积应熔焊一次，不得留下弧坑。

⑦ 钢构件重要焊缝接头，要在焊件两端配置引弧板，其材质和坡口形式应与构件相同。焊接完毕用气割割除并修磨平整，不得用锤击落。

⑧ 要求等强度的对接和丁字接头焊缝，除按设计要求开坡口外，为了确保焊缝质量，焊接前采用碳弧气刨刨焊根，并清理根部氧化物后再进行焊接。

⑨ 为了减少焊接变形与应力，常常采取如下措施：

a. 焊接时尽量使焊缝能自由变形，钢构件的焊接要从中间向四周对称进行。

b. 收缩量大的焊缝先焊接。

c. 对称布置的焊缝应由成双数焊工同时焊接。

d. 长焊缝焊接可采用分中逐步退焊法或间断焊接。

e. 采用反变形法：在焊接前，预先将焊件在变形相反的方向加以弯曲或倾斜，以消除焊后产生的变形，从而获得正常形状的构件。

f. 采用刚性固定法：用夹具夹紧被焊零件能显著减少焊件残余变形及翘曲。

g. 锤击法：锤击焊缝及其周围区域，可以减少收缩应力及变形。

⑩ 焊接结构变形的矫正。

（4）外观检查。

① 焊缝表面不得有裂纹、焊瘤等缺陷。

② 一级焊缝不得有咬边、未焊满、根部收缩等缺陷。

③ 二级以上焊缝表面不得有气孔、夹渣、弧坑裂纹、电弧擦伤等缺陷。

（5）探伤检查。

① 碳素结构钢应在焊缝冷却到环境温度，低合金结构钢应在完成焊接 24 h 后，进行焊缝探伤检验。

② 对于设计要求全焊透的一、二级焊缝，应采用超声波探伤进行内部缺陷的检验，内部缺陷分级及探伤方法应符合现行国家标准《焊缝无损检测 超声检测 技术检测等级和评定》（GB 11345）的规定。

③ 超声波探伤无法对缺陷做出判断时，应采用射线探伤，其指标须符合《金属熔化焊焊接接头射线照相》（GB 3323—2005）的规定。

4.3.2 围护部品安装

在主体结构安装完毕，校正工作完成并且拧紧所有螺栓，构件涂装工程完成后，将进行围护系统的安装。

1. 墙面板的安装

（1）铺板可从建筑物的任意一端开始，通常，将板按照习惯视向铺设可以避免侧向搭接线过于明显。同时，在台风地区，考虑到季节大风的影响，施工时应该沿逆风的方向开始铺设，安装墙面需要决定其正确的使用方向。通常板设计在其前沿有一个支承肋，以便保证下一张重叠时能够正确定位，第一块墙面板安装时必须垂直，板与板的搭接不能过松，也不能过紧。

（2）螺钉垂直度。

正确安装紧固件是安装面板最重要的步骤之一。螺钉紧固时必须对准，每天施工前，清除板面的铁屑以免产生锈斑。自攻钉紧固时不可过松也不可过紧，将紧固件拧紧直至垫圈牢牢定位，但不要过分拧紧紧固件，如图4-7所示。

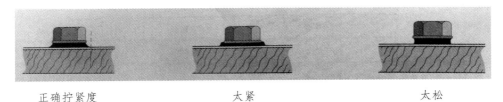

　　正确拧紧度　　　　　　　　　太紧　　　　　　　　　太松
（注意到稍有一圈密封圈）（密封圈挤压得太薄，远离紧固件头太远）（密封圈未被压紧到位）

图4-7　紧固件安装

（3）墙面保温棉的安装。

轻钢建筑的保温棉有多种形式，最常用的是钢结构用玻璃纤维保温棉。

①一般保温棉的安装随外墙面板的安装进行，其侧向接缝应该严密，另外，使用时如不慎将保温棉破坏，应进行修补，以免影响保温质量。

②保温棉安装应在天气晴好时进行，如施工过程中遇雨天，应停止施工并对已完工部分做好防雨保护。

2. 屋面板的安装

（1）螺钉板、锁缝板和暗扣板都大量地应用在屋面系统上，为了减少漏水隐患，建议有条件的单位最好选用锁缝板或暗扣板屋面系统。

（2）屋脊两边的屋面板建议同时安装，这样可保证尽快安装隔热层，并将两边屋面板的主肋与屋脊对齐，随时检查并纠正覆盖面的准确度。

（3）安装屋面板的危险性相当大，必须制订相应的安全计划，采取足够的安全措施，要确保在安装开始之前将屋面板抹干并保持清洁。在可以安全行走之前屋面板必须完全连接到檩条上，且每侧均与其他屋面板连接，决不能在部分连接或未连接的面板上行走。

①不得踩在板的边肋上。

②不得踩在板边的皱折处。

③不得踩在离未固定板边缘15 cm范围内。

（4）根据施工当地季节性大风主导风向确定铺设的方向。

（5）根据设计图纸确定第一张板的起始位置，以方便山墙收边安装。

（6）为避免漏水隐患，屋面板最好不要搭接，对于单坡比较长的建筑，有条件的应在现场成型屋面板。

（7）再次确定屋面板从檐口檩条外伸的长度。

（8）屋面保温棉的安装：屋面钢丝网拉结适当平直但不宜过紧，将保温棉固定在一侧边墙上，并卷出保温棉横越檩条，阻气层应面向建筑内侧，拉伸保温棉使其内表面绷紧并平滑。

（9）密封胶的正确使用：密封胶对于钢结构建筑的防水性能至关重要。安装时，密封胶不应铺开。密封胶只允许敷设在清洁、干燥的表面上。在屋面上仅预存为期一天的施工量的密封胶。将剩余的密封胶存放在阴凉干燥处。

（10）采光板的安装：采光板安装步骤同面板一样。在采光板上安装紧固件时，注意避免引起材料开裂。采光板安装前，请将正反两面全部擦拭干净，这样以节省人工并达到较好效果。

4.3.3 设备与管线安装

1. 管材、管件及阀门检验

（1）管材、管件检验。

① 管材及管件的材质、规格、型号必须与设计要求相符。材料到货必须有材质证明书及合格证，并按现行规范进行外观检查，否则不准进入施工现场。

② 弯头（管）、异径管、三通、法兰、垫片、盲板及紧固件等应进行抽查，抽查结果应符合现行国家及行业标准的有关规定。

③ 当对管材及管件的质量有怀疑以及施工合同中有规定时，必须对管子及管件进行复验。复验结果必须符合相应规范要求，否则不允许安装和使用。

（2）阀门检验。

① 阀门应按设计要求进行相应的材料化学分析试验、强度试验等，上述要求的试验应达到设计及规范要求且测试、检验报告齐全。阀体、阀盖、阀座、法兰或丝扣的外表面应无可见缺陷，手轮转动灵活，阀体螺栓连接牢固。

② 检查核对螺栓、螺柱和螺母的质量合格证明书和标记、包装，要求其材质、尺寸及形位公差、表面质量均符合设计及有关标准的规定。且螺栓与螺母应正确配合，螺母应拧入全部丝扣，不得在螺栓上晃动，其机械性能应符合规定要求。

③ 检查核对法兰、法兰盖的质量检验合格证和产品标记、包装，要求其材质、尺寸及形位公差、表面质量均符合设计及规范要求。

④ 检查核对垫片的质量检验合格证和产品标记、包装，其性能试验、表面质量均应符合设计规范要求。

（3）阀门试压。

① 配备专门的液压阀门试压设备，严格阀门到货检验制度。

② 阀门到货后，应与监理和甲方代表共同进行检验。阀门应有产品合格证，电动阀门应有安装使用说明书。

③ 在施工现场成立专业阀门试压点；设专职质检员控制阀门检验质量；配套完善阀门检（试）验设备和专用夹具；制定正确的检（试）验程序和方法。

④ 试压用压力表精度不应低于 1.5 级，并经校验合格。

⑤ 阀门的检验范围及抽检比例应符合设计规范要求。

⑥ 阀门应用清水进行强度和密封试验，试验压力和时间应严格按照设计文件及施工规范要求进行。压力不下降、无渗水、壳体、垫片、填料等不渗漏、不变形、无损坏为合格。

⑦ 阀门进行强度试压时，其阀门应半开半闭，让中腔进水，整体试压；球阀、闸阀密封试验应双面进行。

⑧ 阀门试验合格后，应排除阀门内部积水并吹干，密封面涂好保护层，关闭阀门，封闭两端出入口，并在阀体上按规定作好试压合格标识，填写试压记录，做到有据可查。

2. 工艺设备安装

主要工艺设备有自吸式污水泵、自吸式污油泵。设备由甲方供应到施工现场，在现场进行验收后进行安装。

（1）设备验收。

① 施工单位应会同甲方、监理、供货方有关人员，按装箱单及竣工图核对设备名称、规格及型号并逐件清点零部件及配件。

② 各种技术文件资料齐全，如产品出厂合格证、质量证明书、监管部门检查合格证明等应齐全，特种设备还应包括监检合格证明文件。

③ 对照设计图纸检查开口方位及几何尺寸，按照制造标准要求进行外观检查，表面无损伤、变形及锈蚀情况，核对裙座（支座地脚螺栓孔尺寸是否与基础一致）。

④ 检查清点泵所配附件规格尺寸、型号、数量、质量，进行登记和编号妥善保管。

⑤ 在施工过程中发现的其他缺陷应及时以书面形式向业主汇报，共同查明原因，妥善处理。

（2）基础的验收。

① 吊装就位前设备基础须经正式交接验收，基础混凝土强度应达到设计要求并验收合格。

② 吊装就位前，应按设计图纸复核设备基础的纵横向中心线及标高，并确定安装基准线。

③ 基础表面在设备安装前，应进行检测修整，需灌浆抹面时要铲出麻面，放置垫铁处应铲平。

④ 预埋地脚螺栓的螺纹，应无损坏、锈蚀，且有保护措施。

⑤ 混凝土基础的允许偏差，应符合规范要求。

（3）设备的就位与找正。

① 按基础上的安装基线对应设备的基准测点及相关补充测点进行调整和测量；检测机具应调试精确。

② 设备就位时，根据设备的重量、安装位置选择吊车进行吊装。

③ 用水平仪进行找正与找平，应在同一平面上互成直角的两个或两个以上的方向上进行。

④ 设备找平时，应根据要求用垫铁调整精度；不应用紧固或放松地脚螺栓及局部加压等方法进行调整。找平找正后的允许偏差按照规范执行。

⑤ 使用的地脚螺栓、垫铁技术要求及工艺参数应符合规范要求。

3. 工艺管道安装

工艺管道安装生产水、生活水、低压蒸汽、压缩空气管线，分地上和地下两种敷设方式（图 4-8）。

图 4-8　工艺管道安装

工艺管道按照法规规定要求属于特种设备的一种，在安装施工前向当地特种设备安全监督管理部门报装，报装流程及注意事项与站内设备报装相同。

（1）测量及放线。

① 按施工图进行现场核对，根据设计图纸中管道的位置进行测量放线。

② 埋地管道施工前用白灰撒出管沟开挖边线。

（2）清管。

① 管内泥土、杂物较多时，用自制胶皮或棉质物清管器清除，当一遍不能完全清除管内异物时，应重复清管直至全部清除。

② 经过内部清理的管子应在现场做好标记，并两端封堵。

③ 管道组对时随时检查，发现管内不清洁时，必须重新清管。

（3）管道预制、组对。

① 一般正常组对的管口不需要加工，只做除锈、去污打磨即可。

② 管子切断前先移植原有标记，管口采用管道半自动火焰切割机或砂轮切割机切割，并用电动砂轮机将切割表面的淬硬层清除。切割表面应平整，不得有裂纹；坡口端面与管子中心线垂直，其不垂直偏差应小于 1.6 mm，管口以外表面 25 mm 范围内毛刺、缩口、熔渣、氧化铁、铁屑等均应清除干净。

③ 组对前应将管端 100 mm 范围内的尘土、污油、铁锈、熔渣等清除干净。管端如有不大于公称直径 2% 的变形时，可用专用管口复圆千斤顶校正，如采用加热方法校正钢管应经有关技术人员同意方可进行，无效时应将变形部分管段切除。

④ 临时预制完毕的管段应安装临时盲板封堵管端，防止管内进入脏物。

⑤ 管道组对采用倒链提升协助。管口组对时，应避免强力对口，不得损坏钢管的外防腐层。直管段两相邻环焊缝的间距不得小于 1.5 倍管径。组对时应垫置牢固，定位可靠，防止焊接时产生变形。

⑥ 管口对接应先沿周围点焊，管径 100 mm 以下至少均匀点焊 3 处，管径 100 mm 以上的至少点焊 4 处。点焊以后应清除熔渣并进行检查，合格方可焊接。

⑦ 管道预制加工应按现场审查确认的设计管段图或依据管道平、剖面图绘制的管段加工，图上应标注现场组焊位置和调节余量。管线预制以组合件为宜，其重量及外形尺寸应与设备吊装能力及现场实际相适应，可采取多根管道相接的接管方式。每道预制工序均应核对管子的标记，并做好标记的移植。

⑧ 凡穿过车行路的管线应加保护套管，在套管内的管子不应有焊口。有缝钢管安装时，应使其纵焊缝位于管道水压试验时易于检查的方位。

（4）阀门安装。

① 法兰焊接。

对焊法兰应按管口组对要求进行对接找正，平焊法兰对接应将管子插入法兰内，管口与法兰密封面应留有焊缝距离，先焊内口，焊完后将内外焊缝清除干净，特别是法兰密封面，不得有任何杂物。

② 法兰连接。

法兰装配前应对其连接尺寸进行测量，口径应相符，管口如变形必须予以矫正。装配法兰时，应使其密封面与管子中心线垂直，螺栓孔跨管子中心线两侧对称排列。当同一管段的两端焊接法兰时，应将管段找平、找正，先焊好一端法兰，然后以此法兰为基准用线锤或水平尺找正，再装配另一端的法兰。安装法兰要求做到：对得正、把得匀、不张口、不偏口、不错口、不错孔。法兰连接偏口、错口、张口过大不合格时，应切除重焊，不能强行上紧。

③ 密封面检查。

安装前，应仔细检查并除去密封面上的油污、泥垢等。

④ 垫片安装。

垫片按设计规定选用，其表面应涂上一层石墨粉与机油的调合物。垫片要放在法兰中心，不得偏斜，法兰垫片每侧只许加一片，垫片只许使用一次，加缠绕垫片时，必须使其中心与管子中心重合，非金属垫片内径不得小于管子内径。

（5）埋地管线管沟回填。

① 从管沟底至管顶以上 300 mm 范围内宜用细土或细沙土回填，回填土最大粒径不超过 8 mm，且 5～8 mm 粒径的回填物所占比例不大于回填总量的 15%，细土回填符合要求后再用原状土回填。

② 回填采用机械配合人工进行。回填土要比自然地坪高出 300 mm，且以管道中线起以 3%～5% 的坡度向两侧延伸，延伸宽度应超越管沟外缘 0.5 m。不允许因借土回填和施工便道取土等因素使管沟部位形成自然集水坑和自然汇流沟槽。

③ 在回填前，应检查并记录有关竣工参数，包括管道对死口的位置及数量。

4. 焊接施工

厂区工艺管道在焊接施工前，根据《现场设备、工业管道焊接工程施工规范》（GB 50236—2011）、《承压设备焊接工艺评定》（NB/T 47014—2011）及其他相关标准进行准备；如施工单位已有满足工程需要的焊接工艺评定标准，则在上报甲方、监理批准后采用，不再另行制定焊接工艺评定。具体焊接工艺及焊材选用以工程焊接工艺评定为准。

（1）焊接准备。

① 对工程中使用的焊机进行检查和维修，保证电焊机操作安全可靠，电流调节灵活，且

电流表、电压表应经过校验合格。

② 按照焊接工艺规程及焊接工艺评定结果编制焊接作业指导书，下发至每个焊工。

③ 在正式焊接前必须按照甲方的有关要求，进行焊工考试，考试合格后方可施焊。参加工程施工的电焊必须持有效资质证，持证上岗，且从事与其资质证项目有关的焊接作业。

④ 管道应有可靠的规格材质标识，若无有效标识，严禁施焊。

（2）焊材管理。

① 焊接材料严格按照施工规范和《焊接工艺规程》选用，进场焊接材料必须具有质量证明书和合格证，经自检、报验合格后，方可使用。

② 施工现场设置专用焊材库，库房设专职保管员负责焊材的入库登记、烘干、发放和回收，相关记录必须齐全且具有可追溯性。

③ 焊材库、焊材烘干室。

现场设立专用焊材库和焊材烘干室，配备焊条烘干机、空调机和干湿温度计等设备，确保焊材库相对湿度保持在 60%以下以及温度保持在 5 ~ 35 °C；焊材保管员每天在上午、下午记录湿度及温度情况；焊材应按种类、牌号、批次、规格及入库时间分类摆放，且标识清楚。焊条堆放要离地、离墙 300 mm 以上，以保证通风良好。

④ 焊条烘干。

焊条启封后，首先由保管员对焊条进行外观检查，确认合格后立即放入烘干箱；经过烘干的焊条装入恒温箱内存放并做好记录，对烘干的焊条种类、数量、批号记录清楚；焊条使用前按使用说明书规定进行烘干，说明书无规定的，参照规范要求烘干；低氢型焊条烘干温度为 350 ~ 400 °C，恒温时间为 1 ~ 2 h。

⑤ 焊条发放。

经烘干的低氢型焊条，存放在温度为 100 ~ 150 °C 的恒温箱内，随用随取。焊工依据焊接工程师签发的焊条领用卡到烘干室领用焊条，领用时，必须配备焊条保温筒。现场使用的低氢型焊条，存放在性能良好的保温筒内。当环境相对湿度大于 80%时，限领 2 h 使用量；当环境相对湿度小于 80%时，限领 4 h 使用量。焊条在领用和使用过程中，一定要放在保温筒内。不同牌号、规格的焊条，严禁放在同一个保温筒内；受潮的焊条、超时未用完的焊条应回收存放，低氢型焊条重新烘干后首先使用，烘烤次数不宜超过 2 次；纤维素焊条如果包装密封完好，初次使用可不进行烘干。

⑥ 焊丝。

焊丝表面应光亮圆滑无锈斑、无开裂、无毛刺等缺陷，禁止使用过期焊丝。

⑦ 焊接保护气体。

焊接用氩气其纯度应达到 99.99%。

（3）焊接环境要求。

在下列不利的环境中，如无有效防护措施时，不得进行焊接作业：

① 雨雪天气。

② 大气相对湿度超过 90%。

③ 焊条电弧焊风速大于 8 m/s。

④ 环境温度低于焊接规程中规定的温度时。

（4）焊接施工要求。

① 施焊前被焊接表面应均匀、光滑，不得有起鳞、磨损、铁锈、渣垢、油脂、油漆和其他影响焊接质量的有害物质。管内外表面坡口两侧 25 mm 范围内应清理至显现金属光泽。

② 接头坡口角度、钝边、根部间隙、对口错边量应符合焊接工艺规程的要求。

③ 施焊时严禁在坡口以外的管壁上引弧，焊接地线与钢管应有可靠的连接方式，并应防止电弧擦伤母材。

④ 预制好的防腐管段，焊前应对管端防腐层采取有效的保护措施，以防电弧灼伤。

⑤ 管道焊接时，根焊必须熔透，背面成型良好，根焊与热焊宜连续进行。

⑥ 每遍焊完后应认真清渣，清除缺陷后再进行下一道工序。

⑦ 完成焊口应做标记，使用记号笔或白色路标漆书写或喷涂的方法在焊口下游 100 mm 处对焊工或作业组代号及流水号进行标识。

（5）焊接操作要点。

① 手工下向焊打底、填充。

打底、填充焊前要重新检查预热温度，采用 2 名焊工对称施焊。打底焊焊接不宜过薄，避免根焊道产生焊接裂纹；打底焊每根焊条焊完后，要采用砂轮片打磨接头，避免接头出现内凹或烧穿；打底焊时要采用短弧焊接，为保证根焊充分焊透，焊接时要求焊工将焊条轻轻压于坡口之上，电弧在管口内部燃烧，以保证获得足够厚度的根焊焊道；打底焊过程中，要求内对口器的压力不得小于 8 kg，并且要求在焊接过程中将空压机充气管与内对口器充气接口连接，保持充气状态，使在整个打底焊焊接过程中，内对口器的胀紧力稳定，避免因为内对口器的胀紧力变化导致根焊开裂。

② 钨极氩弧焊操作要点。

为确保根焊道背面成形良好，尤其是在仰焊部位不出现内凹缺陷，采用 "大间隙、大电流、大钝边" 的硬工艺规范匹配内送丝手法的操作工艺。所谓 "大间隙、大电流、大钝边" 的硬工艺规范是针对常规外送丝方法而言，其焊接电流平均增加 20% 左右，仰焊部位的组对间隙要大于焊丝直径 1～1.5 mm，钝边则控制在 0.5～1 mm。在仰焊及下坡焊部位采用内送丝手法，在立焊、上坡焊及平焊部位采用外送丝手法。

焊接时，为确保焊透，不出现未熔合现象，要求一般采用断续送丝，对技术熟练的焊工，可以采用连续送丝手法。弧长控制：在仰焊及下坡焊位置，应短弧焊接，钨极端部距离熔池表面距离应控制在 0.5～1 mm，短弧在立焊及上坡焊位置，弧长 1～1.5 mm，平焊位置为防止出现焊瘤，喷嘴倾斜度应加大。钨极端部形状容易被忽略；焊前，应把钨极端部加工成 30° 圆锥台，且钨极尖端磨出 $\phi 0.5～\phi 1.0$ mm 的圆台，其作用是防止钨极端部呈锥形引起电弧漂移。为防止根焊道收缩拉应力拉断（裂）焊道，打底焊道应保证足够的厚度。对 $\delta \leqslant 10$ mm 的管道，打底焊道厚度应不小于 3 mm，对 $\delta > 10$ mm 的管道，其打底焊道厚度应不小于 4 mm。焊接过程中若发现钨极接触熔池，应立即终止焊接，用砂轮机打磨接头，直至将夹钨清净方可继续焊接。

③ 手工电弧焊上向焊盖面（图 4-9）。

焊接时压低电弧，连弧焊接，尽量不摆动或小摆动。

从仰焊（6 点）部位到平焊（12 点）部位，焊条端部压在坡口内的长度逐渐减少，焊条与前进方向上的管切线之间的夹角应逐渐加大。盖面焊时，为克服仰焊部位余高超高，应综合采取以下措施：关闭焊接电源上的推力电流；小电流、快速反月牙摆动运条；尽量使焊条与管切线夹角呈90°。

图4-9　手工电弧焊

④ 异种钢焊接要点。

从事压力管道异种钢焊接的焊工应按《锅炉压力容器压力管道焊工考试与管理规则》考试取得资格。异种钢焊接时应遵循以下原则：焊缝填充金属应尽量少；不易产生焊接缺陷；减少焊接残余应力和变形；便于操作，有利于焊工防护。

（6）焊接修补及返修。

① 焊接过程中，每处修补长度应大于50 mm。相邻两修补的距离小于50 mm时，应按一处缺陷进行修补。

② 焊接缺陷的清除和返修应符合《返修焊接工艺规程》的规定，返修仅限于一次，返修后的焊缝应严格进行复检。

③ 当裂纹长度小于焊缝长度的8%时，经甲方同意后可使用评定合格的《返修焊接工艺规程》进行返修，否则所有带裂纹的焊缝必须从管线上切除。

④ 根焊道中出现的非裂纹性缺陷，甲方有权决定是否返修。盖面焊道及填充焊道中出现的非裂纹性缺陷，可直接返修。若返修工艺不同于原始焊道的焊接工艺，必须使用评定合格的《返修焊接工艺规程》。

⑤ 对于不合格焊缝的返修，应制定返修工艺，同一部位的返修次数不得超过两次。

⑥ 焊缝返修应在监理人员的监督下，由具有返修资格的焊工依照《返修焊接工艺规程》进行返修。

7. 焊口检验和验收

（1）外观检查。

管道对接焊缝和角焊缝应进行100%外观检查。外观检查应符合下列规定：

① 焊缝上的焊渣及周围飞溅物应清除干净，焊缝表面应均匀整齐，不应存在有害的焊瘤、凹坑等。

② 对接焊缝允许错边量不应大于壁厚的12.5%，且小于3 mm。

③ 对接焊缝表面宽度应为坡口上口两侧各加宽0.5～2 mm。

④ 对接焊缝表面余高应为 0 ~ 2 mm，局部不应大 3 mm 且长度不应大于 50 mm。

⑤ 角焊缝边缘应平缓过渡，焊缝的凹度和凸度不应大于 1.5 mm，两焊脚高度差不宜大于 3 mm。

⑥ 盖面焊道深度不应大于管壁厚的 12.5%，且不应超过 0.5 mm。咬边深度小于 0.3 mm 的，任何长度均为合格。咬边深度在 0.3 ~ 0.5 mm 的，单个长度不应超过 30 mm，在焊缝任何 300 mm 连续长度内，咬边累计长度不应大于 50 mm。累计长度不应大于焊缝周长的 15%。

⑦ 焊缝表面不应存在裂纹、未熔合、气孔、夹渣、引弧痕迹及夹具焊点等缺陷。

（2）无损检测。

① 管道焊缝应进行 100%无损检测，检测方法应优先选用射线检测或超声波检测。管道最终的连头段的对接焊缝应进行 100%的射线检测和 100%超声波无损检测。

② 管道焊缝进行射线检测和超声波检测时，设计压力大于 4.0 MPa 为 Ⅱ 级合格，设计压力小于或等于 4.0 MPa 为 Ⅲ 级为不合格。

③ 磁粉检测或渗透检测应按现行行业标准《石油天然气钢质管道无损检测》（SY/T 4109—2013）的规定进行。

4.3.4 内装部品安装

（1）装配式钢结构建筑的内装施工安装应符合现行国家标准《建筑装饰装修工程质量验收规范》（GB 50210—2018）及《住宅装饰装修工程施工规范》（GB 50327—2001）的有关规定，并宜满足现场绿色装配、无噪声、无污染、无垃圾的要求。

（2）内装部品施工前准备应符合下列规定：

① 部品装配前应进行设计交底工作，并应同总包单位（或甲方）做好协调组织工作。

② 部品装配前现场应具备装配条件（临时用电、门窗到位等），当采用穿插装配时，上道工序未完成不得进入下道工序施工。

③ 应对进场部品、构件进行检验，品种、规格、性能应符合设计要求及国家现行有关标准的规定，主要部品应提供产品合格证书或性能检测报告。

④ 全面装配前，应先实施样板间并通过建设单位、监理单位认可，并对设计方案、装配工艺、材料选型及用量进行校核。

⑤ 装配过程和材料运输中，对半成品、成品应采取保护措施。

⑥ 装配过程中应进行隐蔽工程检查和分段、分户验收，并形成检验记录。

（3）轻质内隔墙系统安装应符合下列规定：

① 龙骨隔墙板施工安装技术要点如下：

a. 龙骨骨架与结构主体连接牢固，并应垂直、平整、位置准确，龙骨的间距符合设计要求。

b. 面板安装封闭前，隔墙内管线、填充材料应做好隐蔽工程验收。

c. 面板拼缝应错缝设置，当采用双层面板安装时，上下层板的接缝应错开，不得在同一根龙骨上接缝。

② 复合条板内隔墙安装，应符合下列要求：

a. 应从一端向另一端顺序安装，有门窗洞口时宜从洞口向两侧安装。

b. 安装时，在条板下部打入木楔，利用木楔调整位置，待墙板调整就位后，上下固定。

c. 需要竖向连接的条板，相邻板材应错缝连接，错缝距应不小于 300 mm；

d. 板与板之间的对接缝隙内应填满、灌实黏结材料，板缝间隙应揉挤严密，被挤出的黏结材料应刮平匀实。

（4）装配式吊顶系统安装应符合下列规定：

① 装配式吊顶系统宜采用快装龙骨，龙骨与墙面饰面板应固定牢固。

② 龙骨阴阳角处应采用 45° 切割拼接，接缝应严密。

③ 吊顶板安装应符合下列要求：

a. 吊顶板安装前应按规格、颜色等进行分类存放。

b. 金属饰面板采用吊挂连接件、插接件固定时，应按产品说明书的规定放置。

c. 吊顶板上的灯具、风口等设备的位置应合理、美观，与板交接缝处应严密。

（5）架空地板系统安装应符合下列规定：

① 架空地板装配前，应按照设计图纸完成架空层内管线敷设，且应经隐蔽验收合格。

② 架空非供暖地板系统装配技术要点：

a. 架空地板边龙骨与四周墙体宜预留间隙，并在缝隙间填充柔性垫块固定。

b. 衬板之间、衬板与四周墙体间宜预留间隙，衬板间隙用胶带黏结封堵；与四周墙间用柔性垫块填充固定。

c. 支撑脚落点应避开地板架空层内机电管线，衬板或地热层固定螺丝时，不得损伤和破坏管线。

③ 架空供暖地板系统装配技术要点：

a. 传热板与承压板铺设时，板与板之间均预留间隙。

b. 地暖系统层用螺丝与地板基层连接固定，固定螺丝不应穿透衬板层。

（6）集成内门窗系统安装应符合下列规定：

① 门窗框安装前应校正预留洞口的方正，每边固定点不得少于两处。

② 门窗框与墙体间空隙应采用弹性材料填嵌饱满，表面应用密封胶密封。

③ 门扇安装应垂直平整，缝隙应符合要求。

④ 推拉门的滑轨应对齐安装并牢固可靠。

⑤ 内门窗五金件应安装齐全牢固。

（7）整体收纳系统安装应符合下列规定：

① 收纳柜构件的外露部位端面、现场切割面应进行封边处理。

② 柜门铰链与柜体门扇、门框的表面应平整无错位，固定螺丝与铰链表面应吻合，无松动。

③ 潮湿部位的收纳柜应做防潮处理。

④ 按照设计图纸进行吊柜安装，应确保吊柜与墙体靠紧、挂牢，安装完毕后应在柜体和墙面间打防霉型硅酮玻璃胶。

⑤ 安装地脚线前应先清洁柜体下方空间，地脚线拐角处应用专用配件连接。

（8）集成式卫生间系统安装应符合下列规定：

① 在集成式卫生间安装前，应先进行地面基层防水处理，并做闭水试验。

② 卫生间饰面板安装前，应满铺贴防水层。

③ 卫生间地漏应与楼地板安装紧密，并做闭水试验。

④ 所采用的各类阀门安装位置应正确平整，卫生器具的安装应采用专用螺栓安装固定。

（9）集成式厨房系统安装应符合下列规定：

① 橱柜安装应牢固、水平、垂直，地脚调整应从地面水平最高点向最低点，或从转角向两侧调整。

② 采用油烟同层直排设备时，风帽应安装牢固，与结构墙体之间的缝隙应密封。

4.4 涂 装

4.4.1 防腐涂装

钢铁本身的特性决定了钢结构在使用过程中需要得到防腐保护，特别是在酸性、盐雾或化学气雾的环境下。而钢铁构件在特殊环境中裸露的程度越大，所需要的防腐要求也就越高。因此，业主应当清楚地知道建筑的用途、使用的环境、使用的年限，并根据这些资料来选择防腐材料的使用。防腐涂料的选择并不是越贵越好，在建筑物的使用寿命期限内，可以给予钢结构良好的防腐保护是最佳的选择。假如给一个只需要使用 20 年的建筑作 30 年的防腐涂覆显然是在浪费业主的投资。对防腐涂料过高的要求是不合理的，同时，过低地估计防腐的要求会带来很多问题。假如钢结构的堆放不符合要求，或者吊装的过程中损坏了面漆，这些都会降低钢结构的使用寿命。

防腐涂层通常包括以下三个步骤：

（1）钢材表面处理（除锈）。

（2）涂防锈底漆。

（3）涂面漆。

但是，作为轻钢结构供应商，目前国内的企业通常仅提供表面处理及防锈底漆。钢结构的面漆作为可选项通常在现场结构安装完成后进行涂装。防锈底漆涂覆在清洁无锈的钢铁表面，它的主要用途是在运输及安装的过程中保护钢结构不被腐蚀。而钢结构建筑在安装完毕，围护系统及通风系统就位后，在普通的作业环境中，防锈底漆就可以保证钢构件的正常使用了。假如业主有在工地现场涂覆面漆的要求，那么就需要进行底漆与面漆的相容性试验，否则，不但无法达到更好保护钢结构的目的，反而会因为破坏防锈底漆层而降低钢结构的使用寿命。

在轻钢结构建筑中，把需要进行防腐涂装的结构件分为两类：一类是焊接工字钢或热轧型钢的构件，如梁、柱、楼梯等，它们的涂装使用防锈漆及面漆完成；另一类是冷轧型钢，通常有檩条及墙梁，这一部分的钢结构构件通常采用热镀锌的方式进行防腐处理，以使得在花费较少的情况下结构的防腐性能达到最优的状态。

目前，钢结构企业通常都会根据业主的要求或建筑物的使用情况提出最优的涂装方案。提出一份涂装方案需要了解以下问题：

（1）了解建筑物外部以及建筑物内部的环境情况。

（2）根据建筑的内部及外部环境情况，决定防腐保护的级别及所应选用的油漆种类。

（3）在预算范围之内选择一种符合防腐要求的油漆。

（4）根据以上的条件拟出涂装方案。

在目前的建筑市场中，各种不同的工作环境也使得防腐涂料的选择需要更为专业的知识，如某些化工厂或某些特殊环境的厂房。在这种情况下，普通的防腐涂料有可能与环境中的腐蚀性气体发生反应，业主应当选择有经验的设计院来进行涂装的方案设计，钢结构企业根据设计院的涂装方案，进行钢结构涂装施工。

钢结构表面处理的好坏决定了涂料是否对构件起到应有的保护作用，这包括两方面的内容：

（1）材料表面的清洁度（清除掉锈迹、油污、灰尘和其他的污染）。

（2）材料表面的黏着力（使漆膜不会脱落）。

忽视材料表面的处理无法保证涂料的正常工作，过高要求的表面处理可能会在增加成本的同时无法达到预料中的效果。材料表面处理的正确要求通常在涂料生产厂商的产品介绍书中有所描述。

除锈清理的工序在钢构件涂装工艺中占据着非常重要的地位，它决定了涂装过程中及涂装之后漆膜与构件的结合是否紧密。如果在钢构件的表面有水、油、灰尘或其他污染物存在，就会影响涂料与钢材表面的结合。而一旦钢构件表面存在大量的锈迹未被清除，这些锈迹会导致涂装好的漆膜成片剥落。构件的表面应当清洁而且比较粗糙，过于光洁的表面也容易造成漆膜的剥落。

不同的使用环境和不同油漆种类所要求的表面处理工艺也不相同，表4-11给出了不同使用环境中的表面处理要求，绝大部分建筑的使用环境是在第一及第二类中，所有的建筑均考虑是完全封闭而且通风良好的情况。

表4-11 在不同使用环境下的表面处理要求

使用状况	表面处理	涂料选用
大气：无污染、室内	溶剂清洗 SSPC-SP1	油基、水基及醇酸漆
大气：无污染、室内外	手工或机械除锈 SSPC-SP2，3	油基、水基、醇酸漆、沥青涂料
大气：无污染、潮湿的	机械除锈或喷砂除锈 SSPC-SP3，7	油基、醇酸漆、环氧聚酯、沥青涂料、煤焦环氧
大气：工业、潮湿、沿海	商业除锈 SSPC-SP6	煤焦环氧、环氧聚酯、氯化橡胶涂料
浸泡：水、盐水、油 大气：化学气雾	喷砂至发白 SSPC-SP10	有机富锌漆、乙烯涂料、环氧涂料、煤焦环氧、氯化橡胶
浸泡：化学制剂，酸液	喷砂至全白 SSPC-SP5	无机富锌漆、乙烯涂料、酚类涂料、硅树脂、氯化橡胶

涂料的基本组成是一定量的颜料溶解或乳化在溶剂或液体中，形成流动性较好的溶胶，从而允许用于涂、刷、喷的涂装方法。

钢结构表面涂料的组成通常包括底漆、中涂和面层，每层涂层的厚度并不相同，它们的总漆膜厚度被称为"漆膜厚度"。在大部分的涂料组合中，漆膜厚度的增加也相应要求涂料的各种组分的渗透力更强，寿命更长。目前，国内的钢结构厂商在材料出厂时大部分只提供底漆涂层，而这层底涂仅仅是用来保护构件在运输和吊装的环节中不被侵蚀，如有需要，中涂和面漆通常在吊装工作完成后进行，以免在安装过程中再次损坏构件的底层。

底漆的涂装使构件的表面与大气和水隔绝开来。而富锌底漆可以为构件提供更好的保护，即使构件的表面局部破损，涂料中含有的锌微粒也能为构件提供良好的保护。通常富锌底漆可直接用于构件而不需要其他的涂层保护。当然，如果涂覆了富锌底漆的构件必须要暴露在较为恶劣的环境中，那么，涂覆一层面漆来进行更为有效的保护还是有必要的。

目前市场上存在多种底涂材料，各种不同组分的底涂为满足不同的环境提供了选择。在通常情况下，钢结构不需要在底涂上覆盖中涂和面漆，但如果工程确有需要，或是业主指定使用面漆，那么，在选定材料之前，应当与涂料供应商取得事先的沟通，以便明确所使用涂料的性能、功用及相容性。

4.4.2　防火涂装

现代的建筑都明确规定了耐火等级，这种关于建筑耐火等级的规范是由专业的防火工程师根据大量的经验及防火研究所得到的最低设防要求产生的，这种要求体现在建筑暴露在标准温度的火焰（538 ℃）下受力结构所能维持的时间，通常以小时为计量单位。这种测试方法在美国的代号为 ASTM E119。钢铁构件在 538 ℃ 左右开始失去强度。ASTM E119 的标准防火测试要求平均测试温度不超过 538 ℃（柱）和 593 ℃（梁）。在一些特殊情况下，测试温度不超过 538 ℃（柱）和 649 ℃（梁）。

较长时间将钢构件暴露在火焰下，将大大削弱钢结构的承载能力，特别是对于使用弹塑性理论设计的钢结构系统，将产生破坏性的后果。为保证钢结构构件在高温下仍可以保持结构的稳定，钢结构应采取一定的防火保护措施，这种保护措施必须保证钢结构构件暴露在高温的情况下，在一定的时间内，钢材本身的温度不会上升至失去强度的临界温度。采取措施的通常有：增加消防设施或涂覆防火涂料。

为解决防火的问题，市场上存在许多的产品和方法，它们可以被分为三种类型：

（1）被动防火系统。

近年来，被动防火系统总结发展成为一个综合的体系，钢结构梁柱、楼板、防火墙、隔墙以及管道系统的防火都归属于被动防火体系。被动防火体系中的防火时间根据建筑使用需要的不同，从 0.5～4 h 不等。主要有防火板系统、膨化材料、喷涂材料及混凝土包覆 4 种方式。

（2）消防固定灭火系统。

安装在建筑或结构中的固定灭火系统是一种主动的消防措施，它可以在火灾的初期将火扑灭。通常有三种形式：自动喷水灭火系统、气体灭火系统、泡沫灭火系统。

（3）防火探测及火灾报警系统。

消防探测及报警系统通常被安装在同一时段人员较为集中的场所，如写字楼、医院、购物中心、工厂及仓库等处。它被用来帮助人们在发生火灾及特殊情况时尽快地进行安全疏散。

通常，消防探测及控制系统由布置在建筑物中的自动触发设备（感烟探测器、感温探测器、可燃气体探测器等）及手动触发设备（手动报警按钮、消火栓按钮等组成），在现场出现火情时可以提早将火灾发生的信息传输到报警控制中心，并联动相关的排烟风机、正压送风机、消防水泵等设备，将火灾消灭在萌芽状态。根据建筑物施工功能的不同，所采用的报警系统也不尽相同，包括："语音报警系统"可手动或自动操作，用声音提示人员撤离；"公共广播系统"采用警报及语音来帮助人员撤离；"综合报警系统"则将探测系统与报警系统相结合，以达到自动巡视、自动报警的功能。

4.5　竣工验收

在完成所有收边、附件之后，应该要作一次最后的检查，建议至少应包括以下内容：

（1）所有的隅撑、拉杆、支撑都已经正确安装完毕。

（2）所有应该安装的高强度螺栓都已经安装好并已终拧，所有的普通螺栓也已经安装到位。

（3）检查天沟和屋面板的情况，屋面上必须没有铁屑，天沟内没有铁屑和杂物，屋面上的漏洞均采取合适措施封堵。

（4）所有须钻自攻钉的部位均已安装自攻钉，无漏钻、错钻情况。

（5）所有屋面穿透物都有牢固的固定，与屋面的交界处已经被适当处理。

（6）所有的门和窗都已经完成，窗锁和门锁都可以良好使用。

（7）补油漆的工作已经全部完成。

（8）将钥匙和工程向业主移交。

5 工程实例

5.1 多高层钢结构构件制作工艺实例

5.1.1 工程概况

本项目为 5 层某小学新建教学楼工程，全钢框架，无支撑结构，钢柱采用轧制方钢管，钢梁采用焊接 H 型钢。本节将简要介绍方钢管柱的制作工艺流程。

5.1.2 工艺流程

本工程方钢管的规格为□350×350×10，隔板形式为贯通隔板，即将方钢管截成分段后，再利用贯通隔板与各段方钢管焊接连接。贯通隔板也是各层钢梁的上下翼缘连接补强位置。

在深化设计时，考虑现场安装方便，减少安装作业量，综合考虑吊装能力，将钢柱设计成整体工厂制作，即 5 层钢柱制作成单节，整体出厂，单节钢柱长度 22 m，重 3 t。

方钢管柱加工制作工艺流程，如图 5-1 所示。

1. 下　料

在方钢管进场验收合格后，按照加工图纸进行下料，下料使用带锯床进行下料，保证加工精度，同时每个方钢管节段要加 1 mm 焊接收缩余量。因材料本身存在允许偏差，所以应保证最终成品的每个阶段应取自同一原料方钢管上，以保证柱中心重合，钢柱垂直。

2. 开坡口

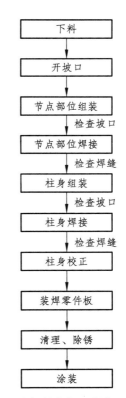

图 5-1　方钢管柱加工制作工艺流程

因方钢管与贯通隔板之间的焊缝为熔透焊缝，所以方钢管需要先开角度为 35°、间隙为 6 mm 的坡口。方钢管坡口采用半自动火焰切割机进行切割，火焰切割后的氧化皮需要用角磨机清理干净，并打磨露出金属光泽；火焰加工坡口完成后若发生变形，必须进行校正，校正完毕后用角尺检查。

3. 节点部位组装（节段组装）

组装前需要在方管内部放置环形衬板（简称环衬），环衬材质为 Q345B，环衬要求与方钢管紧贴，其间隙不能超过 1.5 mm，要求方钢管 4 个拐角与环衬贴合密实，上环衬前要求把方钢管内壁与环衬接触部位打磨干净，尤其是方钢管本身的埋弧焊焊道需要磨平。为保证环衬与方钢管贴合密实，环衬在拐角处做铣槽处理。待环衬与方钢管紧贴定位后，进行方钢管节段与贯通隔板的固定点焊，由铆工完成，注意焊接前焊条要烘干。焊条牌号为 J506，烘干温度为 100～200 ℃，焊缝厚度为 4 mm，长度不少于 40 mm，间距控制在 150 mm，要求定位焊点对称布置，电流 160 A，电压 18 V。因温度较低，严禁使用酸性焊条，如 J422。

4. 节点部位焊接（节段焊接）

方钢管节段与贯通隔板的焊接采用气体保护焊，宜采用多层多道焊，电流 260～300 A，电压 28～34 V，待方钢管节段与贯通隔板焊接完毕后，需要经过焊缝超声检测，同时检查板之间的相对距离以及方钢管端部是否有变形，待焊缝检测合格及方钢管校正完毕后转入下道工序。

5. 柱身组装、焊接、校正

柱身组装是将组焊合格的方钢管节段，上胎架进行组装、焊接，使各节段连接成整体。为保证各节段方钢管中心线保持同轴，柱身组装在特制总装胎架上进行。焊接时为减少焊接变形，宜采用焊接工艺评定内要求的焊接参数，所有的正式施焊焊接前必须用火焰将待焊区加热，加热温度控制在 200 ℃。此时火焰呈明显的黄褐色，加热持续时间不小于 10 min，待钢板表面没有水汽方可施焊。对于焊后局部变形的部位，采用火焰校正的方法进行校正。

6. 方钢管柱零件板组装、焊接

待柱身焊接、校正完毕后，使用拉线和角尺定出方钢管柱柱身各个面的中心线，中心线位置确定后，通过图纸给定的节点处连接板与中心线的距离来确定连接板孔的位置，同时柱身每一侧所有的节点连接板组装前必须通过该侧中心线返尺，再利用连接板定位辅助工装组焊连接板。

7. 清理、除锈、涂装

待方钢管柱总装、焊接、校正完成后，对其进行清理、打磨，可采用人工和机械清理，将构件表面的氧化皮、焊接飞溅等清理干净。然后进行整体抛丸除锈，除锈等级 Sa2.5 级。抛丸 3 h 内，进行第一遍油漆的涂装，每遍漆的涂装时间间隔不小于 6 h，总漆膜厚度 125 μm。

以上简要介绍了某小学新建教学楼工程的方钢管柱制作工艺流程，结合工程特点及安装方案，对钢柱进行了图纸深化设计，即采用整体出厂，减少了钢柱在现场的拼焊工序，同时在制作时也减少了端头边缘加工的工序。如在楼层较高或是吨位较重，吊装能力不满足的情况下，钢柱宜考虑分段设计，这样钢柱在柱身组焊完成后，需要进行端头边缘加工。

5.2　冷弯薄壁型钢结构工程实例

区别于其他钢结构建筑形式，冷弯薄壁型钢结构体系最显著的特点就在于其承重结构采用的是厚度非常薄（一般只有 0.9～1.6 mm）的镀层（镀锌或镀铝锌）钢板作为构件原材料，因此也有人称其为超轻钢结构住宅或者超薄壁冷弯型钢结构住宅。

这种结构是主要采用高强度镀层薄壁型钢作为主要承重结构，结合专业的保温、防潮、防火围护系统，提供给客户造型多样的房屋的一种建筑形式。这种体系的主要受力机理为：柱与上下龙骨及支撑或隔板组成受力墙壁，竖向力由楼面梁传至墙壁的上龙骨，再通过柱传至基础；水平力由作为隔板的楼板传至受力墙壁再传至基础。由于在传力过程中，墙面板承受了一定的剪力，并提供了必要的刚度，故墙面板应满足一定的要求。楼板可采用楼面轻钢龙骨体系，龙骨腹板预制管线穿行孔位。其结构本身具有五大特点：

（1）原材料厚度很薄。结构的承重部分原材料一般采用 0.9～1.6 mm 的厚度，部分位置可能会用到 1.8～2.5 mm，非承重部分一般采用 0.5～0.8 mm 即可。

（2）原材料表面采用热浸镀锌或热浸镀铝锌处理。通常镀层含量应满足 Z275（钢板双面镀锌含量达到 275 g/m²，相当于 ASTM 标准中的 G-90）或 AZ150（钢板双面镀铝锌含量达到 150 g/m²）的要求，表面不需要再作油漆等处理。

（3）原材料强度较高，一般都要求屈服强度达到 235MPa 或 345MPa，但目前国内多数钢厂在生产镀（铝）锌钢板时，一般只生产 CQ 级（Commercial Quality，一般品质，相当于 ASTM 标准中的 CS）和屈服强度 345 MPa 以上的 SQ 级（Structural Quality，结构用品质）钢材，同时 CQ 级钢材对最低屈服强度的要求过低，可能达不到 235 MPa 的要求，因此不推荐使用国内 CQ 级的产品。

（4）主要构件采用冷弯轧制成型，有别于传统 H 型钢结构的切割、焊接成型，构件断面以 C 形、U 形为主，且尺寸很小，墙体、屋架构件宽度一般在 70～140 mm，楼板构件宽度一般在 200～305 mm。

（5）构件连接主要采用自攻自钻螺钉作为紧固件，部分位置采用螺栓连接，不需要焊接，构件与螺钉之间、构件与构件之间非常紧密，确保了结构的稳定性。

冷弯薄壁型钢结构体系来源于北美的木结构建筑，从结构外观上看几乎就是木龙骨的翻版，而其结构计算往往是一件比较复杂的事情。2011 年年底中国规范刚刚出台，规范名为《低层冷弯薄壁型钢房屋建筑技术规程》（JGJ 227—2011）。该体系中整个结构从设计到现场安装的全过程流程如图 5-2 所示：

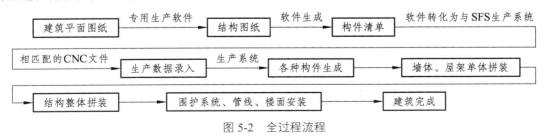

图 5-2　全过程流程

由于采用了专用的设计软件，工厂有可能实现从建筑图纸到结构图纸的自动转化，但前提是需要专业的设计人员，将建筑图在专用 CAD 软件中重新绘制一遍，并选择使用的设计标准，如《澳洲/新西兰设计规范》（AS/NZS 4600：1996）或《低层冷弯薄壁型钢房屋建筑技术规程》（JGJ 227—2011）等，并录入相关的荷载数据（风载、雪载、地质资料等），系统本身便可以自动生成结构图纸，以及生产所需的构件清单。生产人员通过网络或其他媒介，将系统生成的构件清单直接输入设备控制软件，软件便会控制设备自动生产出各种规格的构件，并在构件上制作各种定位孔、服务孔等，同时自动标注构件代号等相关信息。拼装人员根据安装图纸以及构件上的构件代号，可以轻松安装起墙体、屋架以及整个房屋。

冷弯薄壁型钢结构体系的安装完全是拼装的过程，整个房子依靠的是所有承重墙体的整体受力，这就要求所有受力的构件都要按设计要求在合理的范围内受力，进而要求每一个构件加工的精度必须要高。这里包括各种构件的尺寸（包括截面尺寸、长度尺寸），各种孔的位置，C 形与 U 形构件配合的情况等都要求相当精确，各种误差须控制在 1 mm 之内，否则可能会引起构件受力不均，从而导致结构失稳的情况发生。

5.2.1　工程概况

本项目为北美风格冷弯薄壁型钢结构别墅，别墅单体建筑面积 97.93 m²，总层数为 2 层，每层层高 3.3 m，工期 2 个月。目前已全部完工并交付使用，作为重庆房地产职业学院轻钢结构装配式施工实训室，建筑效果图如图 5-3 所示，建筑施工图如图 5-4 至图 5-6 所示。

图 5-3　建筑效果图

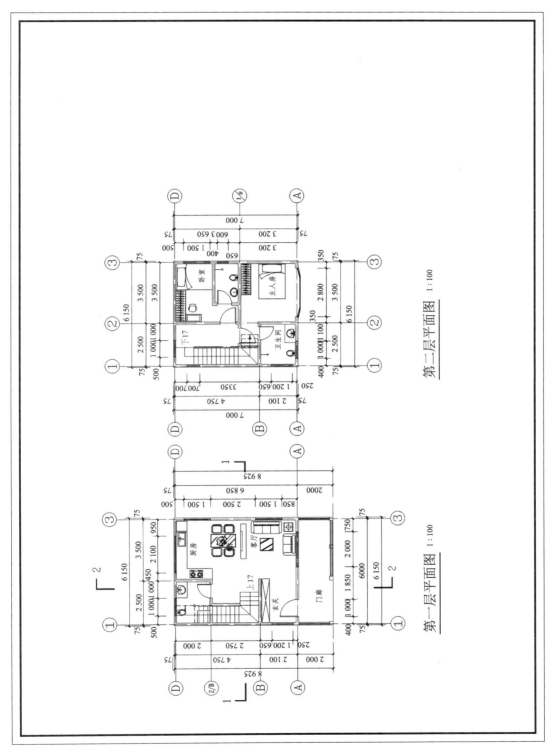

第二层平面图 1:100

第一层平面图 1:100

图 5-4　建筑平面图

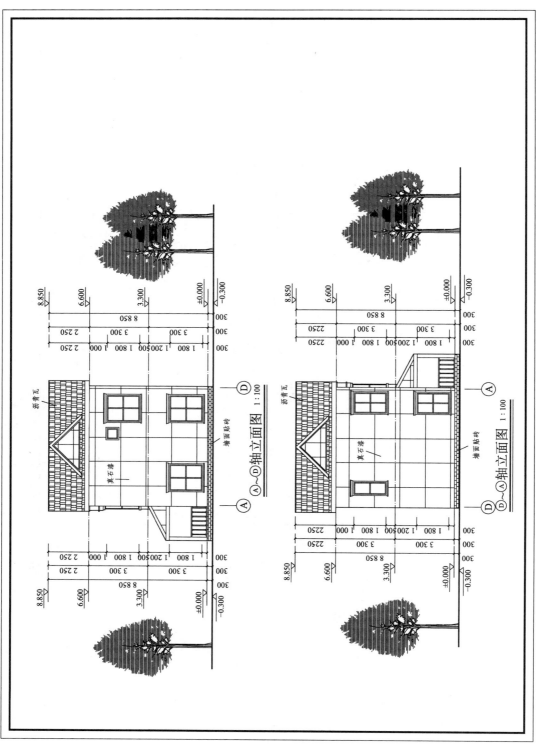

图 5-5　建筑立面图

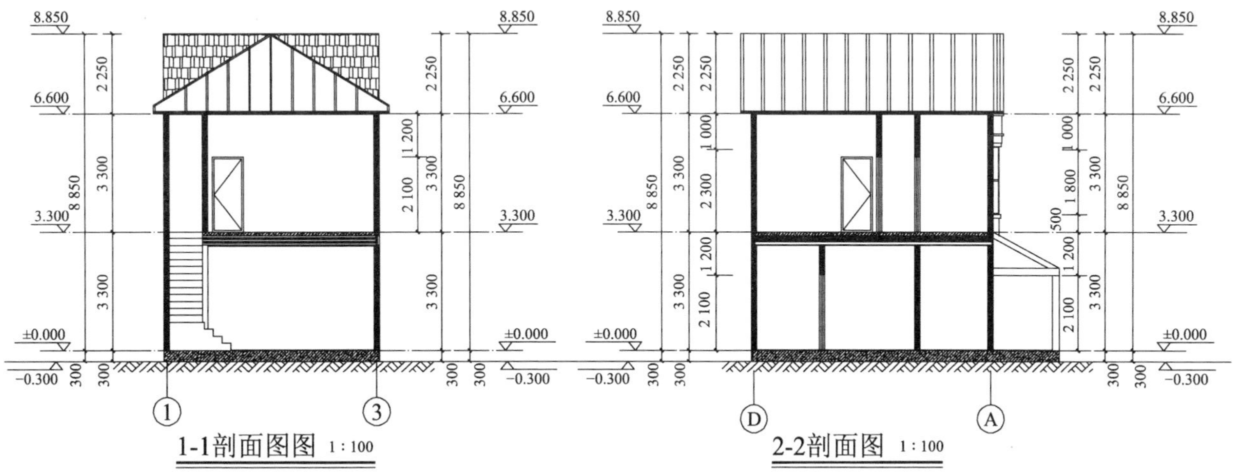

图 5-6　建筑剖面图

冷弯薄壁型钢是一个很大的概念，包含了材料壁厚从 1.5~6 mm 的 L 型钢、H 型钢、方钢管等各种冷弯型钢以及压型钢板。2011 年 12 月出版的行业标准《低层冷弯薄壁型钢房屋建筑技术规程》（JGJ 227—2011），拓展了冷弯薄壁型钢材料的壁厚，最薄材料厚度可达 0.6 mm，主要型钢断面为 C 形（卷边槽形截面）和 U 形（槽形截面），如图 5-7 所示。

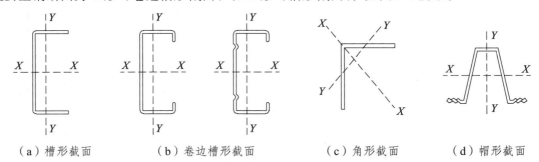

| （a）槽形截面 | （b）卷边槽形截面 | （c）角形截面 | （d）帽形截面 |

图 5-7　型钢截面形状

冷弯薄壁型钢相较于其他钢材有自身特点，如表 5-1 所示。

表 5-1　不同钢材的各项指标

项目	普通轻钢龙骨	冷弯薄壁型钢	C 型钢（檩条）
主要材料壁厚/mm	0.4~1.2	0.6~2.5	1.5~3.5
材料强度要求	无要求	Q235/Q345/G450/G550	Q235/Q345/G450
材料镀层要求	Z100	Z180/Z275/AZ150	Z120/Z180/Z275
型钢腹板宽度/mm	50/75/100/150	70~305	100~350
型钢翼缘高度/mm	≥35	35~75	50~100
型钢弯曲内角/(°)	≤2.25	≤3	≥3
长度允许偏差/mm	±5	-2	+5（沿用压型钢板）
一般型钢间距/mm	300~600	300~600	1 200~1 500

5.2.2　设计要点

冷弯薄壁型钢结构房屋（图 5-8）是以冷轧热镀锌或镀铝锌薄壁型钢作为主要承重结构，结合保温、隔音、防水、防火等围护材料，建造出的一种功能多样、节能环保的房屋建筑。其房屋部件可全部在工厂内规模化生产，现场只需组装作业，实现了部件的工厂化预制和房屋的现场装配化施工，是目前较成熟的一种集成房屋体系，也是未来住宅建设发展的方向。该集成房屋系统划分为 4 部分：屋面体系、楼面系统、墙体系统和地基基础。

1. 屋面系统

屋顶为板式屋顶，板式屋顶适用于屋顶体量小、受力简单、坡度较小的屋顶，如图 5-9 所示。板式屋顶屋顶底下为空的，空间可以利用。

轻钢别墅屋面系统是由屋架、结构 OSB 面板、防水层、轻型屋面瓦（金属或沥青瓦）组成的，如图 5-10 和图 5-11 所示。轻钢结构的屋面，外观可以有多种组合，材料也有多种。在保障了防水这一技术的前提下，外观有了许多的选择方案。本项目屋面系统采用屋面构造做法 1。

图 5-8　冷弯薄壁型钢结构房屋系统

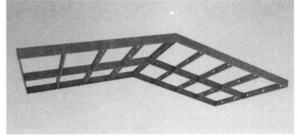

图 5-9　板式屋顶屋面骨架

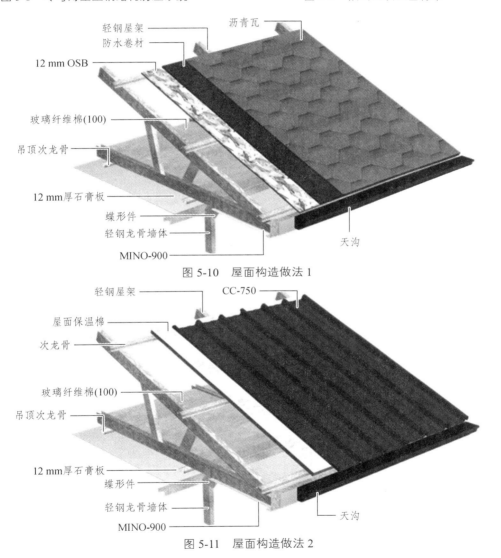

图 5-10　屋面构造做法 1

图 5-11　屋面构造做法 2

2. 楼面系统

楼板龙骨截面一般为 250 mm 或 300 mm，平屋顶骨架形式与此类似，如图 5-12 所示。

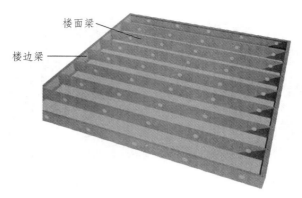

图 5-12　楼面骨架图

　　轻钢别墅的楼面由冷弯薄壁型钢架或组合梁、楼面 OSB 结构板、支撑、连接件等组成，如图 5-13 和图 5-14 所示。所用的材料是定向刨花板、水泥纤维板以及胶合板。在这些轻质楼面上每平方米可承受 3.16 ~ 3.65 kN 的荷载。轻钢别墅的楼面结构体系重量仅为国内传统的混凝土楼板体系的 1/6 到 1/4，但其楼面的结构高度将比普通混凝土板高 100 ~ 120 mm。本项目楼面系统采用楼面构造做法 1。

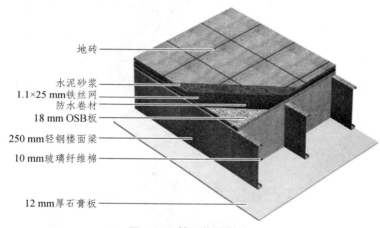

图 5-13　楼面构造做法 1

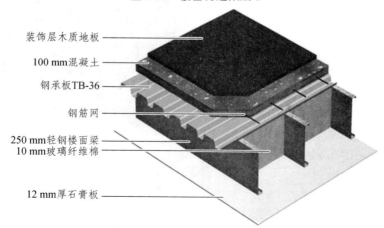

图 5-14　楼面构造做法 2

3. 墙体系统

本项目墙体系统采用 SAMCO 系统的墙体骨架：上下为天地龙骨，竖向为立杆，中间穿中龙骨，如图 5-15 所示。

图 5-15　墙体骨架

墙体与墙体的连接采用六角头自攻钉，除了图示螺丝位置外，其余每间距 300 mm 打入两颗六角头自攻钉，当墙体不能连接时，采用直角连接件连接，每 600 mm 布置一个。具体如图 5-16 所示。

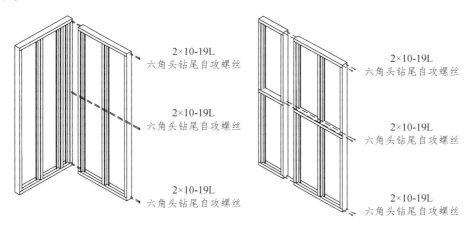

除图上标的螺丝位置外，其余每间隔 300 mm 打两颗钉子。当墙体不能连接时，采用直角连接件进行连接，每 600 mm 布置一个。

除图上标的螺丝位置外，其余每间隔 300 mm 打两颗钉子。当墙体不能连接时，采用平面连接件进行连接，每 600 mm 布置一个。

图 5-16　墙体与墙体之间的连接

轻钢别墅的墙体主要由墙架柱、墙顶梁、墙底梁、墙体支撑、墙板和连接件组成。轻钢别墅一般将内横墙作为结构的承重墙，墙柱为 C 形轻钢构件，其壁厚根据所受的荷载而定，通常为 0.84 ~ 2 mm，墙柱间距一般为 400 ~ 600 mm。轻钢别墅这种墙体结构布置方式，可有效承受并可靠传递竖向荷载，且布置方便。墙体系统划分为外墙系统和内墙系统，外墙系统如图 5-17 至图 5-22 所示，内墙系统如图 5-23、图 5-24 所示。本项目外墙系统采用外墙构造做法 3，内墙系统采用内墙构造做法 1。

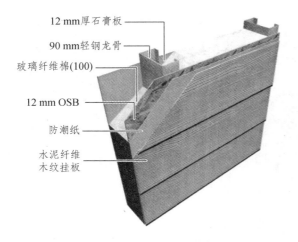

12 mm厚石膏板
90 mm轻钢龙骨
玻璃纤维棉(100)
12 mm OSB
防潮纸
水泥纤维
木纹挂板

图 5-17　外墙构造做法 1

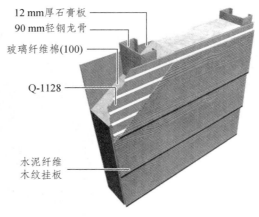

12 mm厚石膏板
90 mm轻钢龙骨
玻璃纤维棉(100)
Q-1128
水泥纤维
木纹挂板

图 5-18　外墙构造做法 2

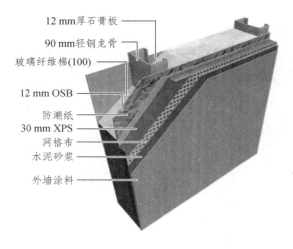

12 mm厚石膏板
90 mm轻钢龙骨
玻璃纤维棉(100)
12 mm OSB
防潮纸
30 mm XPS
网格布
水泥砂浆
外墙涂料

图 5-19　外墙构造做法 3

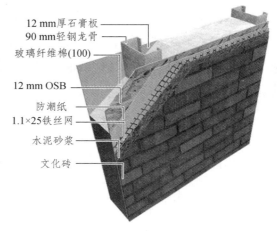

12 mm厚石膏板
90 mm轻钢龙骨
玻璃纤维棉(100)
12 mm OSB
防潮纸
1.1×25铁丝网
水泥砂浆
文化砖

图 5-20　外墙构造做法 4

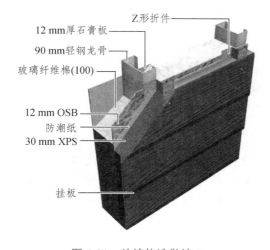

Z形折件
12 mm厚石膏板
90 mm轻钢龙骨
玻璃纤维棉(100)
12 mm OSB
防潮纸
30 mm XPS
挂板

图 5-21　外墙构造做法 5

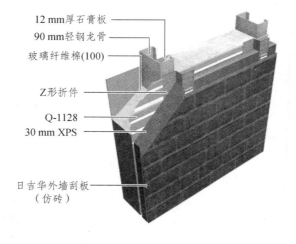

12 mm厚石膏板
90 mm轻钢龙骨
玻璃纤维棉(100)
Z形折件
Q-1128
30 mm XPS
日吉华外墙刮板
（仿砖）

图 5-22　外墙构造做法 6

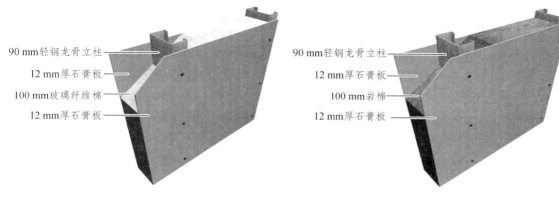

图 5-23　内墙构造做法 1

图 5-24　内墙构造做法 2

左图标注（自上而下）：
90 mm轻钢龙骨立柱
12 mm厚石膏板
100 mm玻璃纤维棉
12 mm厚石膏板

右图标注（自上而下）：
90 mm轻钢龙骨立柱
12 mm厚石膏板
100 mm岩棉
12 mm厚石膏板

4. 防　火

建筑防火等级按照规范定为二级。对所有结构受力构件均涂超薄膨胀型防火涂料，涂层厚度要求满足《建筑设计防火规范》(GB 50016—2014)的要求，做到承重柱、梁、屋架和檩条分别满足 2.5 h、1.5 h、0.5 h 的耐火极限要求。

5. 防　锈

要求所有的钢结构构件在出厂前都必须做热镀锌防锈处理，双面镀锌量不小于 275 g/m²。同时要求构件安装完成后必须做构件表面防锈检查，破坏的面层补刷防锈漆，并刷酚醛瓷漆面漆二度。防锈漆与超薄膨胀型防火涂料相容，并出具相容性报告。

6. 保温、防潮、防结露

鉴于室外保温对造型复杂的别墅较为困难，主要采用室内保温。采用屋面及天花的双重保温隔热措施，即先在屋面下直接做一层保温层，尽量减少屋面日照的热辐射作用。再在吊顶上部紧贴着天花板做一层保温层起到直接的保温效果。外墙的保温与屋面保温相似，在轻钢龙骨石膏板内墙面与钢结构之间密布保温棉。墙体材料则选择了保温性能较优的加气混凝土砌块，起到保温作用。

底层地面的防潮具体做法是选择耐水性好的保温材料铺设于地面装饰层下。当然窗户等建筑开口部是关系到建筑整体保温性能的关键内容之一，本项目使用双层中空塑钢门窗。

为避免钢结构的冷桥作用而出现室内结露的现象，本项目在内墙石膏板及吊顶石膏板和保温材料之间做一层隔汽纸作为防湿措施，并要求该隔汽纸必须做到密闭，铺设时的相互搭接必须保证 100 mm 的宽度。还有，考虑到在钢结构的柱脚部位，混凝土基础中的浸透水会对柱脚形成腐蚀，在基础混凝土与柱脚之间设有聚乙烯塑料膜作为防湿措施。另外，为了防止室内的日常生活而散发的水蒸气会上升到吊顶内，在钢屋架上或柱子的上端出现结露现象，我们在吊顶上屋架内还设置了通风装置，并且在选择保温材料时选择了比较柔软的材料，以便在施工时堵实天花板的各种缝隙，杜绝室内水蒸气逸入吊顶之内。

7. 隔　音

本工程采用严格的隔音处理。楼面由上至下做法层次：吸音地毯+防潮层+钢龙骨+隔音棉+12厚石膏板。外墙体的内面采用加气混凝土砌块+保温棉+内侧12厚石膏板，内隔墙均为轻钢龙骨+保温棉+双面12厚石膏板，所填充的保温材料也可以使建筑达到一定的隔音效果，如图5-25所示。

图 5-25　墙体隔音棉施工

5.2.3　施工要点

1. 墙体拼装

（1）前期准备：包括主要骨架、钉枪、十字圆扭头钻尾钉（M4.8×16）、工作服、手套、卷尺、马克笔、切割机、插排、骨架料单等，如图5-26所示。

图 5-26　前期准备

（2）画线：一组工人人数一般为5~6人，1个技术员负责骨架画线，1人负责按照骨架料单寻找骨架（也可以是技术员自己负责），剩余4人两两一组负责拼装，如图5-27所示。

图 5-27　工人任务安排

技术员根据墙体骨架平面图上的尺寸分别在天龙骨和地龙骨上画线，如图 5-28 所示。

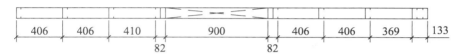

| 406 | 406 | 410 | | 900 | | 406 | 406 | 369 | | 133 |

82　　　　　　　82

（a）墙体骨架平面图

（b）天龙骨

（c）地龙骨

图 5-28　画线

（3）墙体骨架拼装。

① 先把这一榀墙体需要的骨架按图纸摆放好。

② 拼装的时候先把 4 个角固定，再固定中间一根骨架。

③ 然后再依次固定好其他的。

④ 单面连接完毕以后把墙体骨架翻过来，再依次打钉。

⑤ 为了使骨架闭合的紧密，在需要的情况下可以用脚固定骨架位置。

⑥ 安装的时候注意竖龙骨洞的位置要一致，孔到骨架两端的距离近的是下部。

（4）门窗洞口过梁或加强梁安装（图 5-29）：

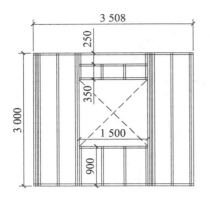

图 5-29　安装加强梁

2. 屋架拼装（图 5-30）

（1）先固定外围骨架及中间一根骨架，再把中间的斜撑固定。

（2）拼装完后两端标名 A、B。

图 5-30　屋架拼装

施工工序流程：基础→放线→制作及安装墙体→检查墙体垂直及平整度→二层搁栅安装→二层楼板铺设及一、二层墙板安装→二层墙体制作及安装→检查墙体垂直及平整度→二层天花搁栅安装→屋面结构施工→屋面瓦→门窗收边→门窗安装→外墙保温板→外墙挂板→天棚檐口收边→楼梯施工→内装修石膏板，具体施工过程如图 5-31 至图 5-38 所示。该项目结构施工图如图 5-39、图 5-40 所示。

图 5-31　基础施工　　　　　　　　图 5-32　现场拼装

图 5-33　墙体系统安装

图 5-34　楼面系统安装

图 5-35　楼梯安装

图 5-36　管道敷设

图 5-37　组装二层

图 5-38　屋面安装

5.3　钢框架结构工程实例

某工程钢框架结构工程实例如图 5-41 至 5-47 所示。

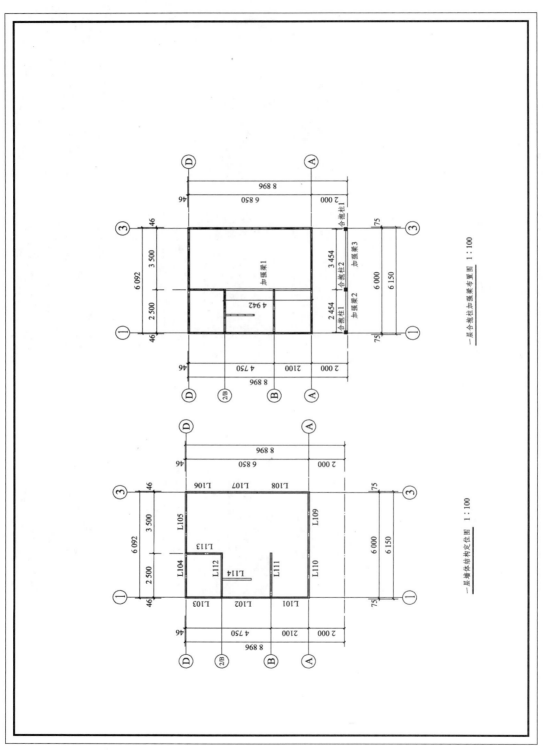

图 5-39 一层墙体结构定位图

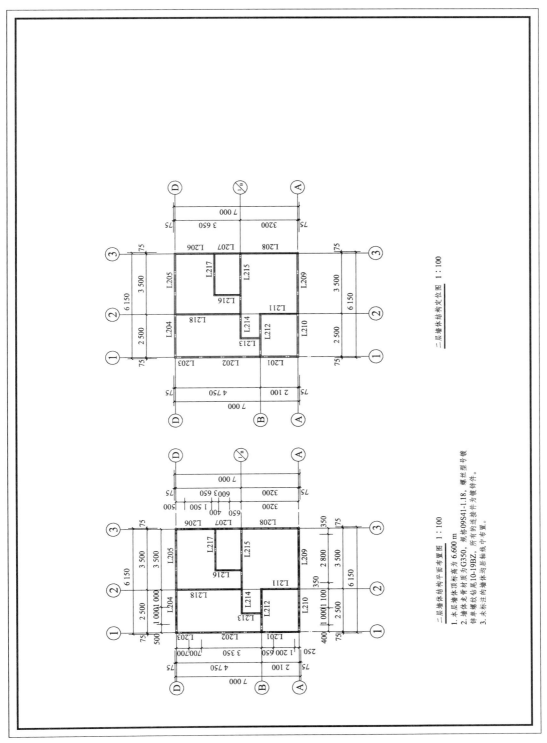

图 5-40 二层墙体结构定位图

钢 结 构 设 计 总 说 明

一、工程概况
本工程为某高校大门，抗震等级为四级。

二、设计依据
1. 《建筑结构荷载规范》（GB 50009-2012）；
2. 《建筑抗震设计规范》（GB 50011-2010）（2016年版）；
3. 《钢结构设计规范》（GB 50017-2003）；
4. 《冷弯薄壁型钢结构技术规范》（GB 50018-2002）；
5. 《钢结构施工规范》（GB 50755-2012）；

三、工程地质条件

四、本工程抗震设防烈度为6(0.05 g)，设计地震分组为第1组，设计的有效峰值加速度为0.05g。

五、本工程设计基本风压为0.40 kPa，基本雪压为0.40 kPa。

六、材料
1. 除图中注明外，钢材材质均采用Q235B，钢材为镇静钢或者无缝钢管；其质量要应符合《碳素结构钢》GB/T700-2006的规定。采用北京蓝建科软件股份有限公司编制的《蓝建结构设计软件》。
2. 钢材的屈服强度实测值与抗拉强度实测值的比值不应大于0.85，钢材应具有明显的屈服台阶，且伸长率不应小于20%。
3. 钢材应具有冲击韧性、伸长率、冷弯、碳、硫、磷的合格保证，碳当量的合格保证及冷弯等试验的合格保证。
4. 焊接采用：埋弧焊采用E43系列焊条。
5. 框架柱的柱脚节点采用10.9级高强度螺栓。次要、支撑及型材连接采用4.6级普通螺栓，柱脚底板与基础连接采用Q235钢锚栓，连接均应符合GB 3098.1-2000的规定。

七、钢结构
1. 钢结构的制作、运输、安装均应符合《钢结构工程施工质量验收规范》（GB 50205-2001）的有关规定。

八、关系
1. 钢结构的制作与连接
1) 钢结构加工和制作应由专门的加工制作单位按设计和施工组织编制工艺和施工组织设计，建立建全质量保证体系。
2) 柱脚面要焊缝采用双螺母、紧固采用双螺母，坚设时须用铁件固定，保证安装无偏。
3) 框架钢柱连接采用全段高强度螺栓连接，接触面不需做防腐处理。
4) 图中未注明的角焊缝均为6mm，长度均为满焊，未注明的圆弧半径为35mm。
5) 涂装人员必须持有出厂合格证书，在不下料前应油漆复检应符合质量要求，置装时应根据施工工艺要求，预留安装长度及螺杆接头加工余量用尺。
6) 高强度螺栓连接安装应按《钢结构工程施工质量验收规范》（GB 50205-2001）要求进行。
7) 柱间螺栓坚设安装时应高差不大于2mm,标高偏差不大于2mm,其余均以毫米计。
8) 构件支撑形式详

焊接支撑形式详

钢结构的制作、运输
1. 钢结构的制作、运输、安装均应符合《钢结构工程施工质量验收规范》（GB 50205-2001）要求进行。

9) 钢构件在运输、吊装过程中，应来取可靠措施，防止出现变形、夹撞和碰撞等，产生加工精度误差，影响工程质量。
1) 焊接时应在过程中必须做好记录，以在结束后准备一切变更资料以备查；
2) 所有焊缝应100%检查；
3) 焊缝内部缺陷的检测应按《钢结构工程施工质量验收规范》（GB 50205-2001）要求进行。

钢构件除锈及层要涂装表要求
1) 钢构件在连接或置入部的钢构件；
(a)与混凝土接触或置入部的钢构件；
(b)两强度螺栓连接板的摩擦面；
(c)柱脚部位的接触面；
(d)工地焊接连接部位及两侧各100 mm，且满足超声波探伤的要的范围。
2) 钢构件安装后要后要涂装的部位：
<A>工地焊接连接部位及两侧各100 mm；
<B>钢构件除锈后应立即涂漆。（除以上述及部位需涂以上述及部位同时进行）
3) 钢构件除锈后应立即涂装的要求：
钢构件表面除锈后，构件表面应涂两道油漆（除以上及部位外）涂刷溶剂型基层无机富锌底漆，中面涂布，二面涂布防锈底漆，涂两道防锈底漆，然后在其表面刷涂二底，并最终达到设计面涂装成，对火材料及要求。
4) 钢构件防腐的要求：
<A>当钢板厚度形状，其表面除锈不应小于125 μm；
<B>当采用无机富锌底漆，干膜总厚度125 μm以上，积防锈底涂二道，积采用无机富锌底漆。
防火材料选用同时满足防火保护涂料时，构件表面除锈后，涂两道防锈底漆，然后在其表面刷涂二底，并最终达到设计规定要求。
<C>以采用防腐构件，其表面除锈不小于125 μm；
本工程框架的两端高强度螺栓连接及金属表面接触和接触要载，除锈等级为二级。《涂装前钢材表面锈蚀等级和除锈等级》（GB 8923-88）中的S2 1/2 级标准，并做保证表面涂防锈满足除锈要求。
5) 防火喷涂层厚度外观应均匀、平整、丰满而有光泽，不允许开裂、脱落、针孔缺陷。涂层厚度用磁性仪测定，总厚度均应满足运输安装要求。
涂装的要求：
1) 本工程室内防火类等及耐火极限等级为二级；框架梁防火等级为二级，框架防火大等级为二级；
2) 本工程室内防火类及防火大等级2.0 h；框架柱防火极限等级2.0 h；框架梁耐火极限1.5 h，框架柱防火大等级为2.0 h；梁板建筑要防火及耐火极限0.5 h，屋面涂0.5 h，部分墙涂0.5 h，吊顶0.5 h。

七、钢结构的运输
钢结构构件的运输安装单元，固按合理规划分构件运输单元，以达到经济合算之目的。

八、其他
1. 当总说明与施工详图中的说明或标注矛盾或标矛盾时，按照工进图为准；
2. 材料表中的材料仅供参考，重量要仅供参考，加工时以一种尺以施工进图为准；
3. 本工程设计图中的构件尺寸，以方注正面投影尺计；
4. 本工程尺寸单位除标注以米计外，其余均以毫米计。

- 122 -

图5-41 构设计与施工总说明

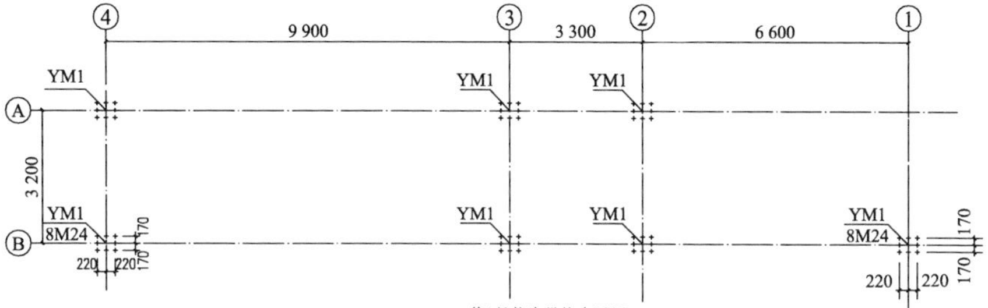

钢构件截面表

构件编号	截面尺寸	说明
GKZ1	HW300×300	Q235B
GKL1	HN400×200	Q235B
GKL2	HM294×200	Q235B
GKL3	HN450×200	Q235B
GL1	HN300×150	Q235B

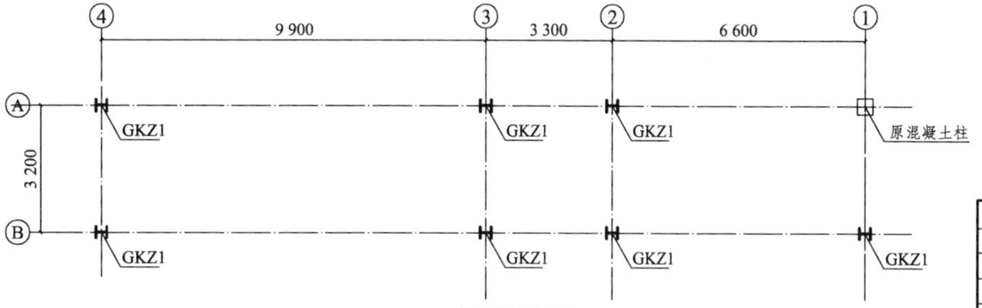

第1层柱脚锚栓布置图

第1层柱脚平面图

图 5-42　柱脚平面布置图

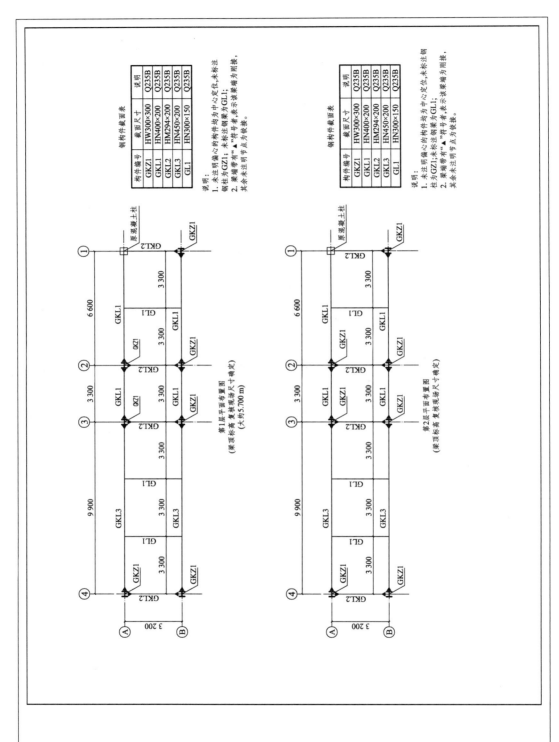

钢构件截面表

构件编号	截面尺寸	说明
GKZ1	HW300×300	Q235B
GKL1	HN400×200	Q235B
GKL2	HM294×200	Q235B
GKL3	HN450×200	Q235B
GL1	HN300×150	Q235B

说明：
1. 未注明偏心的构件均为中心定位，未标注
钢柱为GZ1，未标注钢梁为GL1；
2. 梁端带有"▲"符号者，表示该梁端为刚接，
其余未注明节点为铰接。

钢构件截面表

构件编号	截面尺寸	说明
GKZ1	HW300×300	Q235B
GKL1	HN400×200	Q235B
GKL2	HM294×200	Q235B
GKL3	HN450×200	Q235B
GL1	HN300×150	Q235B

说明：
1. 未注明偏心的构件均为中心定位，未标注钢
柱为GZ1，未标注钢梁为GL1；
2. 梁端带有"▲"符号者，表示该梁端为刚接，
其余未注明节点为铰接。

第1层平面布置图
(梁顶标高 复核现场尺寸确定)
(大约5.700 m)

第2层平面布置图
(梁顶标高 复核现场尺寸确定)

图5-43 钢梁平面布置图

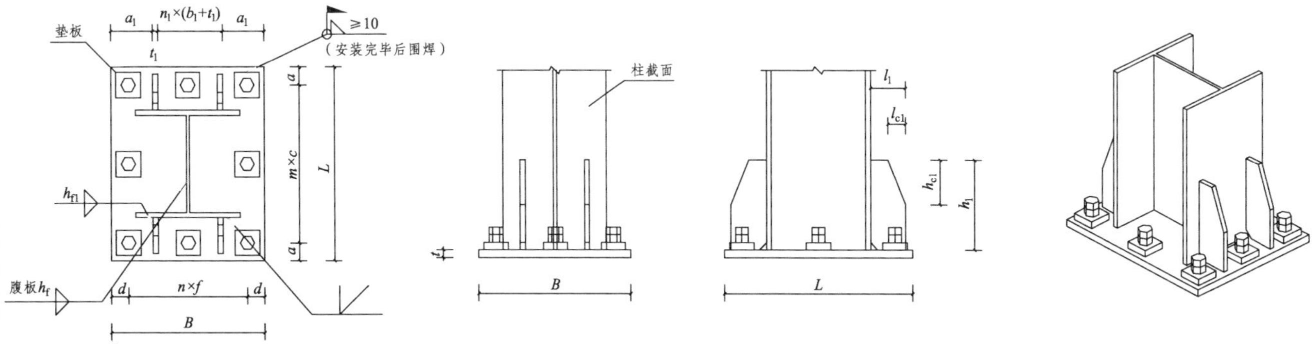

第1类节点 外露式工形截面刚性柱脚（锚栓与加劲肋排列标识；翼缘侧均匀布置 腹板侧均匀布置）

底板与柱下端连接焊缝形式 翼缘对接焊缝、腹板角焊缝	底板 $L \times B \times t$	锚栓 直径 孔 ϕ 31	$a+b+m \times c+b+a$	$d+e+n \times f+e+d$
8	540×440×22	M24 孔 ϕ 31	50+0+2×220+0+50	50+0+2×170+0+50

翼缘加劲肋	$l_1 \times h_1 \times t_1$	$l_{c1} \times h_{c1}$	$a_1 + n_1 \times b_1$	柱截面
	100×250×14	50×125	120+1×172	h_{f1} 6 HW300×300

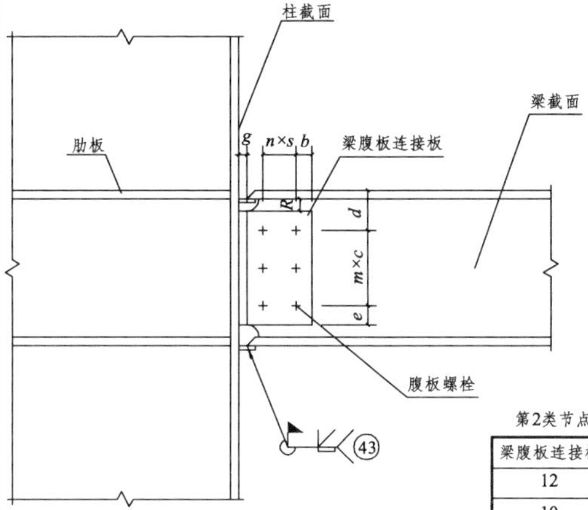

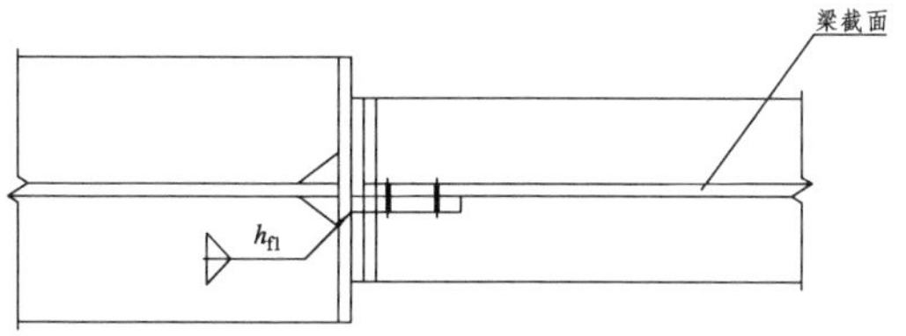

第2类节点 H梁H柱刚接强轴连接

梁腹板连接板	梁腹板螺栓		翼缘焊 腹板非手板栓					
	直径	$n \times s + b \, m \times c + e$	R	g	d	h_{f1}	柱截面	梁截面
12	M20	0×0+40	2×105+71	35	15	120	6	HW300×300	HN450×200
10	M20	0×0+40	2×90+62	35	15	110	6	HW300×300	HN400×200

图 5-44 节点大样 1

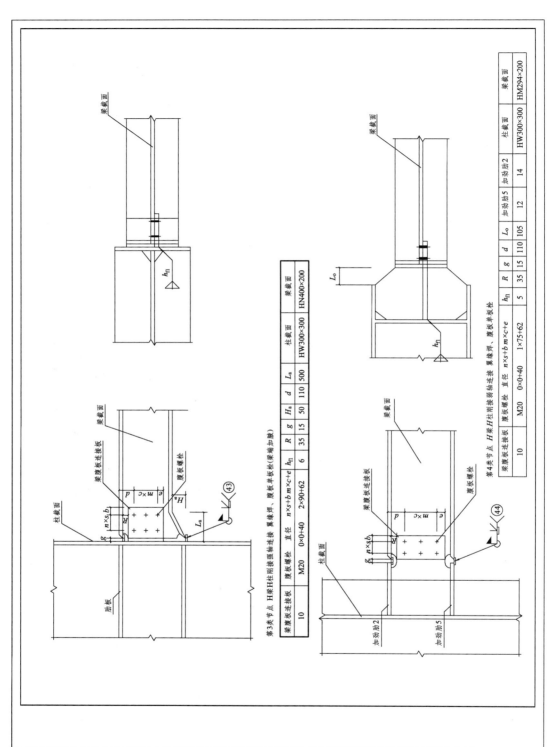

第3类节点 H梁H柱刚接强轴连接 翼缘焊、腹板单板栓(梁端加腋)

梁腹板连接板	腹板螺栓	直径	$n \times s + b$	$m \times c + e$	$h_{\rm n}$	R	g	$H_{\rm a}$	d	$L_{\rm a}$	柱截面	梁截面
											HW300×300	HN400×200
10	M20	0×0+40	2×90+62	6	35	15	50	110	500			

第4类节点 H梁H柱刚接弱轴连接 翼缘焊、腹板单板栓

梁腹板连接板	腹板螺栓	直径	$n \times s + b$	$m \times c + e$	$h_{\rm n}$	R	g	d	$L_{\rm o}$	加劲肋5	加劲肋2	柱截面	梁截面
												HW300×300	HM294×200
10	M20	0×0+40	1×75+62	5	35	15	110	105	12	14			

图 5-45　节点大样2

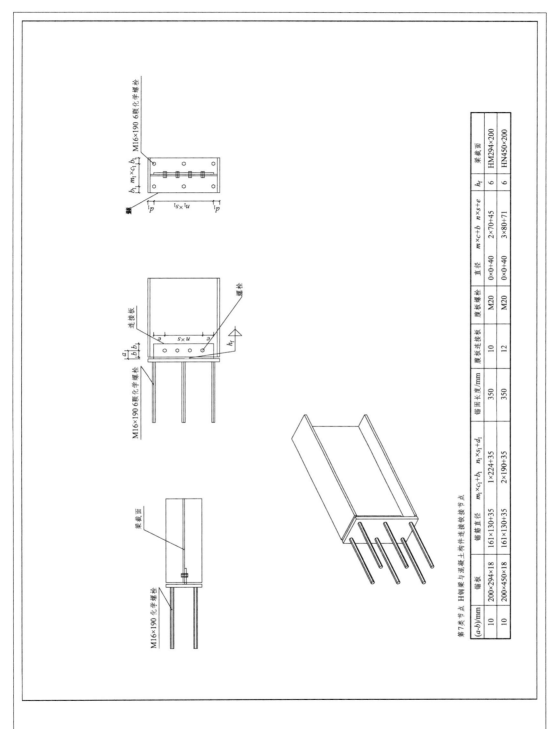

第7类节点 H钢梁与混凝土构件连接较接节点

$(a-b)$/mm	锚板	锚筋直径	$m_1×c_1+b_1$	$n_1×s_1+d_1$	锚固长度/mm	腹板连接板	腹板螺栓	直径	$m×c+b$	$n×s+e$	h_f	梁截面
10	200×294×18	161×130+35	1×224+35	2×190+35	350	10	M20	0×0+40	2×70+45		6	HM294×200
10	200×450×18	161×130+35	2×190+35		350	12	M20	0×0+40	3×80+71		6	HN450×200

图 5-46 节点大样 3

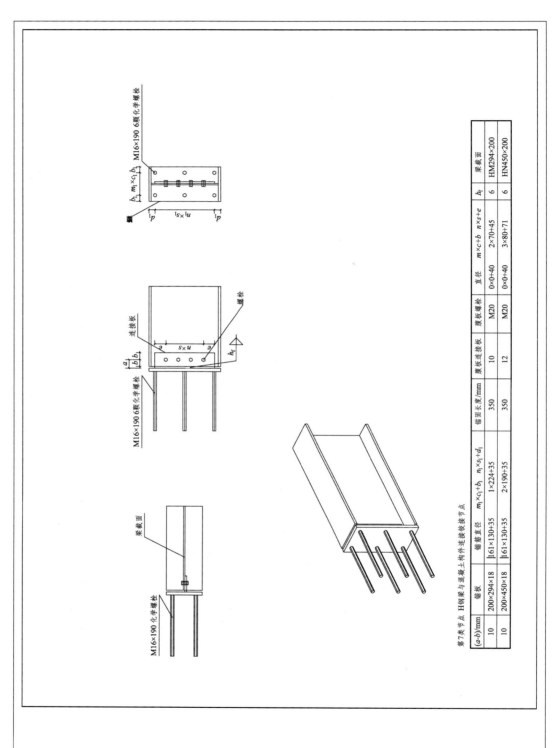

第7类节点 H钢梁与混凝土构件连接铰接节点

(a-b)/mm	锚板	锚筋直径	$m_1 \times c_1 + b_1$	$n_1 \times s_1 + d_1$	锚固长度/mm	腹板连接板	腹板螺栓			h_f	梁截面
							直径	$m \times c + b$	$n \times s + e$		
10	200×294×18	Jt61×130+35	1×224+35		350	10	M20	0×0+40	2×70+45	6	HM294×200
10	200×450×18	Jt61×130+35	2×190+35		350	12	M20	0×0+40	3×80+71	6	HN450×200

图 5-47 节点大样 4

参考文献

[1] 王翔. 装配式钢结构建筑现场施工细节详解. 北京：化学工业出版社，2017.

[2] 范幸义，张勇一. 装配式建筑. 重庆：重庆大学出版社，2017.

[3] 袁锐文，魏海宽. 装配式建筑技术标准条文链接与解读. 北京：机械工业出版社，2017.

[4] 住房和城乡建设部. 装配式混凝土建筑技术标准：GB/T 51231—2016. 北京：中国建筑工业出版社，2017.

[5] 住房和城乡建设部. 装配式钢结构建筑技术标准：GB/T 51232—2016. 北京：中国建筑工业出版社，2017.

[6] 住房和城乡建设部. 建筑工程施工质量验收统一标准：GB 50300—2013. 北京：中国建筑工业出版社，2013.

[7] 住房和城乡建设部. 建筑地基基础工程施工质量验收规范：GB 50202—2018. 北京：中国计划出版社，2018.

[8] 陕西省住房和城乡建设厅. 砌体工程施工质量验收规范：GB 50203—2011. 北京：中国建筑工业出版社，2012.

[9] 中国建筑科学研究院. 混凝土结构工程施工质量验收规范：GB 50204—2015. 北京：中国建筑工业出版社，2015.

[10] 住房和城乡建设部. 屋面工程施工质量验收规范：GB 50207—2012. 北京：中国建筑工业出版社，2012.

[11] 山西省住房和城乡建设厅. 地下防水工程施工质量验收规范：GB 50208—2011. 北京：中国建筑工业出版社，2011.

[12] 上官子昌. 实用钢结构施工技术手册. 北京：化学工业出版社，2013.

[13] 肖明.《装配式混凝土建筑技术标准》解读. 工程建设标准化，2017（5）：21-22.

[14] 郁银泉.《装配式混凝土建筑技术标准》GB/T 51231—2016 与《装配式钢结构建筑技术标准》GB/T 51232—2016 解读. 深圳土木与建筑，2017（3）：5-14.

[15] 中国建筑标准设计研究院. 装配式建筑系列标准应用实施指南（钢结构建筑）. 北京：中国计划出版社，2016.